Friedrich Christian Delius
Einige Argumente zur Verteidigung
der Gemüseesser
Rotbuch 306

Friedrich Christian Delius

Einige Argumente zur Verteidigung der Gemüseesser

Eine Denkschrift

Rotbuch Verlag Berlin

1.–4. Tausend

Umschlagzeichnung von Grandville
Druck Wagner GmbH, Nördlingen

ISBN 3 88022 306 8

VERTRAULICH!

I.

Erlauben Sie mir, hochverehrter Herr Präsident, Ihre Aufmerksamkeit auf eine Minderheit unseres Volkes zu lenken, die in zunehmendem Maße Ihres Schutzes bedarf. Es geht nicht um mehr oder minder egoistische Belange einer sozialen Randgruppe, nicht um besonders benachteiligte Kinder und Jugendliche und auch nicht um irgendwelche unter uns lebenden Ausländer – niemals würde ich es wagen, Sie mit diesen sattsam bekannten Erscheinungen zu behelligen. Nein, die Minderheit, über deren Sorgen zu schweigen ich nicht länger ertragen kann, setzt sich aus Menschen aller sozialen Schichten, aus beiden Geschlechtern, aus jungen und alten Leuten zusammen. Gerade ihre verwirrende Vielfalt scheint sie daran zu hindern, eine schlagkräftige Lobby zu bilden, die eigenen Interessen offensiv zu vertreten und den wachsenden Unmut abzuwehren, der sich immer öfter zu Haß, Diskriminierung und offener Gewalt steigert. Ehe unser Volk wieder einmal zur Verfolgung einer Minderheit hingerissen wird, müssen alle Anstrengungen zur Verteidigung dieser Menschen unternommen werden.

Schutzbedarf

Darum halte ich es für meine Pflicht, Ihnen diese Denkschrift vorzulegen. Ich habe sie verfaßt als ein einfacher und uneigennütziger Staatsbürger, der lange Jahre bei der Europäischen Gemeinschaft in Brüssel gedient hat und nun im Ruhestand die Muße findet, über die

Ernst der Lage

drängenden Probleme unserer Gesellschaft nachzudenken. Meine Schrift, hochverehrter Herr Präsident, hat nur die bescheidene Aufgabe, Sie auf den Ernst der Lage und auf deren Ursachen aufmerksam zu machen, in der Hoffnung, daß Sie so bald als möglich Ihre Stimme erheben und allen Einfluß Ihres Amtes einsetzen, den inneren Frieden wiederherzustellen.

Gemüseesser

Ich meine, es ist allerhöchste Zeit, den Gemüseessern zur Seite zu stehen. Sie sind es, die immer mehr ausgegrenzt, denunziert und angegriffen werden. Die zunehmenden Aggressionen deuten darauf hin, daß die seit einigen Jahren bei uns und unseren europäischen Nachbarn, nordamerikanischen Freunden und japanischen Partnern zur endgültigen Ausrottung des Hungers eingeführte Neue Hungerpolitik heute gewisse Schwachstellen zeigt, die von den Verantwortlichen bislang übersehen oder unterschätzt worden sind. Bei einer wachsenden Zahl von Verbrauchern hat sich offenbar unbemerkt eine recht vulgäre Auffassung von der Neuen Hungerpolitik verbreiten können, deren Verfechter allein im Genuß von Fleisch einen effektiven Beitrag zur Bekämpfung des Hungers der Welt erblicken.

fanatisierte Fleischesser

Obwohl dieser Gedanke, wie Sie wissen, Herr Präsident, nicht ganz falsch ist, so ist er doch, wie jede Übertreibung, falsch und, wie jede extremistische Ansicht, gemeingefährlich. Selbst in meinem ruhigen Wunsiedel läßt sich beobachten, wie immer mehr fanatisierte Fleischesser die Gemüseesser beschimpfen, bedrohen und sie bezichtigen, nichts für die Bekämpfung des Hungers zu tun – obwohl doch jeder des Lesens kundige Bürger wissen müßte, daß mit dem Verzehr von Gemüse und Obst, ja selbst mit dem reichlichen Verbrauch von Holzkohle und Schnittblumen ähnlich gute Resultate erzielt werden können.

Schlimm sind die Nachrichten oder Gerüchte, die zu uns dringen – von Erpresserbriefen und terroristischen Übergriffen bis hin zur Anlieferung unbestellter Schweinehälften an Vegetarier! Nachdem es neulich in einem Restaurant in F. zu jener – von der Presse weidlich ausgeschlachteten und dennoch unterschätzten – Schießerei kam, der zwei Vegetarier zum Opfer fielen, sind wir an einen Punkt gelangt, an dem jeder gewissenhafte Bürger aufstehen und rufen müßte: So kann es nicht weitergehen!

zwei Tote in F.

Deshalb rechne ich auch damit, hochverehrter Herr Präsident, daß Sie eine gute Stunde Geduld aufbringen werden, meiner Denkschrift zu folgen, und mit mir noch einmal über all diese Fragen zur Humanisierung des Hungers nachdenken. Sie werden sehen, wie absurd die Unterstellungen gegenüber den Gemüseessern sind und wie einfach sie von allen Vorwürfen entlastet werden können. Schließlich möchte ich Sie bitten, einige neue Vorschläge für die im Prinzip bewährte Neue Hungerpolitik anzuhören und an die zuständigen Stellen weiterzugeben.

II.

Sie werden sich gut erinnern, Herr Präsident, wie wir Europäer noch vor wenigen Jahren hilflos und voll von Schuldgefühlen dem Hunger der Welt ins Auge blickten. Niemand – gleich welcher politischen Richtung – wurde

Schuldgefühle

die Frage los, was dagegen zu tun sei und wie man sich verhalten solle. Wie wurden wir geplagt von dem Gefühl zwischen Mitleid, Scham und Überdruß, das uns Fernsehzuschauer angesichts der Bilder von verhungernden Kindern mit aufgedunsenen Bäuchen und mit fragenden Augen überfiel! Hastig mußten wir in unseren Illustrierten weiterblättern, wenn die großformatigen Fotos weinender Mütter vor einem Zelt in Afrika, vor einem Abfallhaufen in Lateinamerika oder auf einer asiatischen Straße an der Reihe waren. Und keiner von uns, der als Geschäftsmann oder Tourist fernere Länder bereiste, ist verschont geblieben von bettelnden Händen, die sich ihm auf Schritt und Tritt entgegenstreckten.

Überdruß am Hungerthema

Niemand mochte mehr vom fremden Hunger hören – doch gleichsam mit Blaulicht rasten die Angst- und Schreckensmeldungen aus aller Welt durch unsere privaten Wohnzimmer. Unser Gewissen wurde immer wieder angebettelt, doch wir waren es leid, angebettelt zu werden. Unzählige Konferenzen über Entwicklungsländer und Ernährungsfragen, Tausende von Diskussionen, Hunderte von Büchern über die Hungernden dort und die Satten hier haben die allgemeine Ratlosigkeit und Verlegenheit nur vergrößert. Ein trostloser Pessimismus regierte, der auch von einem gelegentlichen Griff in die Spendenkasse nicht besänftigt werden konnte.

trostloser Pessimismus

Was für eine Erlösung war es, Herr Präsident, als mit dem Erwachen einer neooptimistischen, lebensbejahenden Einstellung auch das Konzept gefunden wurde, das es ermöglichte, auf denkbar einfache, angenehme und humane Weise dieser Probleme Herr zu werden!

Neooptimismus

In unserer schnellebigen Zeit nimmt man die Fortschritte nur allzu oft als Selbstverständlichkeiten hin und vergißt die Mühen viel zu rasch, die zu diesen Fortschritten geführt haben. Ich erinnere mich noch gut an die Lösungsvorschläge, die damals selbst von verdienten Staatsmännern und internationalen Gremien, von Ökonomen und Kirchenoberhäuptern der Öffentlichkeit unterbreitet wurden – wie dilettantisch und kurzsichtig war das alles, wie kompliziert und unrealistisch!

Dilettantismus der Verantwortlichen

Ich bitte Sie, hochverehrter Herr Präsident, sich für einen Moment noch einmal die Irrwege früherer Jahre zu vergegenwärtigen – und Sie dürfen versichert sein, daß ich Sie nicht leichtfertig darum ersuche. Denn nur in Kenntnis der historischen Zusammenhänge sind, wie Sie selbst immer wieder betonen, die heutigen Probleme zu begreifen und zu meistern.

historische Zusammenhänge

Der erste Irrweg, auf den uns viele Leute führen wollten, war mit dem Ratschlag verbunden, die Augen vor der Armut einfach zu verschließen. Diese Leute machten in eindrucksvoller Weise geltend, unsere westliche, durch harte Arbeit zu Wohlstand gekommene Zivilisation werde durch die ständige, von den Medien geschürte Berieselung mit den Bildern des Elends attackiert und unterminiert. Es störe, so sagten sie, unser demokratisches Gefüge immer empfindlicher, wenn uns der Hunger in den entferntesten Ländern und fremdesten Kulturen unter dem Deckmantel der Informationsvermittlung, aber mit der heimlichen Absicht der Erzeugung von Unsicherheit und Schuldgefühlen fast jeden Tag neu

1. Irrweg: Verdrängen

Erregung von Schuldgefühlen

vorgehalten werde. Die ständige Wiederholung der bekannten Zahlen von soundsoviel Millionen Hungertoten im Jahr und den soundsoviel Millionen Menschen, die in absoluter Armut leben, sowie die täglichen Zeitungsmeldungen von Hungersnöten dienten letztlich nur dazu, vor allem bei Jugendlichen die Unlust am Dasein zu vergrößern, Lebensängste zu verstärken, die Aussteiger-Ideologie und andere staatsfeindliche Regungen zu fördern. Nun, kein ernsthaft denkender Mensch konnte solche Einflüsse bestreiten. Der Vorschlag jedoch, die Medien durch eine Art freiwillige Selbstkontrolle zu zügeln oder gar gesetzlich geregelte Vorschriften einzuführen, stand und steht dem Geist unserer freiheitlichen Gesellschaft völlig entgegen. Ganz abgesehen davon sind selbst die hartnäckigsten Vertreter dieser Methode nie so verwegen gewesen zu behaupten, mit dem Mittel der Zensur könne auf Dauer den Hungernden geholfen werden. An den Zahlen und Fakten hätte sich kein Deut verändert. Vor allem aber haben diese Leute übersehen, daß es in unserem Interesse sein muß, die unablässig anschwellende Menschenflut kontrollierend zu beobachten, und wer, wenn nicht unsere freie Presse, wäre dazu besser berufen? Wie selbstmörderisch wäre es gewesen, die Kameras von den Hungernden abzuwenden und dann vielleicht nicht oder zu spät zu bemerken, wie sie eines Tages in neuen Völkerwanderungen zu Millionen und Abermillionen unseren Ländern immer näher gekommen wären und wir uns ihrer nur noch mit kriegerischen Mitteln hätten erwehren können und uns auf die ekelhaftesten Blutbäder hätten einstellen müssen!

Unlust am Dasein

freiwillige Selbstkontrolle?

2. Irrweg: Verteilen

Genau den umgekehrten Fehler machten jene, die dafür plädierten, die vorhandenen Nahrungsmittel der Welt so zu verteilen, daß jeder Mensch genug zu essen habe. Diese eher idealistischen Köpfe, von denen es nicht wenige gab, stützten sich auf die Tatsache, daß allein die Getreideproduktion der Welt ausreiche, jeden Mann, jede Frau, jedes Kind in jedem Erdteil mit über 3000 Kalorien täglich zu versorgen – also mit der Menge, die der durchschnittliche Bewohner eines westlichen Industrielandes verbrauche. Zusätzlich stünden, so rechnete man uns vor, noch die anderen Grundnahrungsmittel wie Bohnen, Kartoffeln, Reis sowie Obst, Gemüse, Fisch und Fleisch zur Verfügung. Warum also nicht einfach alles gerecht verteilen? Das war ein bestechender Gedanke – aber leider nur auf den ersten Blick! Denn selbst wenn man über die Naivität dieser Milchmädchenrechner hinwegsah, die den Unterschied zwischen Verkaufen und Verteilen nicht begreifen wollten, und selbst wenn man ihre Heimtücke nicht ernst nahm (da sie uns nicht verrieten, wie sie die großen Getreide- und Lebensmittelfirmen zu Wohlfahrtsverbänden umfunktionieren wollten), selbst dann mußte diese vielleicht gutgemeinte Idee aufs entschiedenste bekämpft werden.

3000 Kalorien für jeden?

Milchmädchenrechner

Der nackte Verteilungsgedanke nämlich, der hier zum Vorschein kam, war ein typisch pessimistischer Sozialstaatsgedanke, im Kern wettbewerbsfeindlich und marktfeindlich. Es kann uns heute nur noch mit Schauder erfüllen, wenn wir an die chaotischen Folgen für das gesamte Weltwirtschaftsgefüge denken, die entstanden wären, wenn die Lebensmittel nicht mehr an die Abnehmer gelangt wären,

pessimistischer Sozialstaatsgedanke

die bereit und in der Lage waren, marktgerechte Preise dafür zu zahlen. Keinem Hungernden wäre geholfen, wenn die Befriedigung seiner Bedürfnisse mit unvorstellbaren Preiseinbrüchen, mit einer endlosen Kette von Insolvenzen und Konkursen und dem Ruin der gesamten Wirtschaft erkauft worden wäre. Die gutherzigen Leute wollten nicht einsehen, daß es langfristig und global gesehen humaner ist, Schweine und Kälber mit Getreide zu versorgen als Hungerleider, solange sie über keine Kaufkraft verfügen und nicht am Markt partizipieren. Wie hart haben wir arbeiten müssen, bis diese Wahrheit allgemein anerkannt wurde!

Ruin der Wirtschaft

3. Irrweg: Spenden

Schließlich der dritte, heute gelegentlich noch praktizierte Irrweg, die Mildtätigkeit. Einzelnen Menschen aus der Masse der Zigmillionen da und dort vorübergehend mit Spenden von Lebensmitteln und Medikamenten, mit betrieblichen oder schulischen Einrichtungen auf die Beine zu helfen, kann ich grundsätzlich nicht verwerflich finden. Wenn eine solche Hilfe unter staatlichen Vorzeichen steht, führt sie immerhin nicht zu einer Verdrängung unserer ureigenen Interessen. Es ist überdies ein Verfahren, das, verglichen mit den vorher erwähnten, am wenigsten Schaden angerichtet hat – auch wenn der Schaden nicht unterschätzt werden darf, der in der Demütigung der Hilfeempfänger liegt. Dagegen steht der kleine Vorteil, das Gewissen mancher Zeitgenossen zu entlasten und diejenigen unter uns ein wenig zu trösten, die hin und wieder die Freude des Anblicks von Kindern brauchen, die noch so richtig »bitte« sagen können. In unserer Industriegesellschaft, die ohne »Bitte«

»bitte« sagen

und »Danke« auszukommen scheint, sollten solche Bedürfnisse, die dem seelischen Gleichgewicht dienen, nicht leichtfertig unterschätzt werden. Aber es versteht sich von selbst, solche mildtätigen Bemühungen konnten und können das Weltproblem Nummer 1 nicht lösen.

III.

Beim Rückblick auf diese freiheitswidrigen, wirtschaftsfeindlichen und menschenunwürdigen Konzepte wird wohl auch Ihnen, hochverehrter Herr Präsident, wieder deutlich, was für ein hartes Stück Arbeit es war, einem neuen Denkansatz zum Durchbruch zu verhelfen.

globale Ökologie

Stets dem Ziel einer friedlichen und brüderlichen Weltgemeinschaft verpflichtet, konnten wir, wenn wir globalökologisch dachten, uns dem Gedanken des freien Wirkens natürlicher Prozesse immer weniger entziehen. Als wir endlich den Begriff des Biotops ins Gesellschaftliche übertrugen, also von Soziotopen sprechen konnten, war die entscheidende gedankliche Bresche geschlagen: Es gibt starke und es gibt schwache Völker. Unter den schwachen wiederum gibt es stärkere und schwächere Menschen. Die Stärkeren brauchen wir als Partner. Den Schwachen dagegen wird, wie wir das Problem auch drehen und wenden, nicht zu helfen sein. Wer für sie Hilfe und Ausgleich sucht, ja nach einer Politik des Füllhorns ruft, vergrößert nur die Katastrophe auf unserem heillosen Planeten. Es kommt nur darauf an, den Schwachen zu einem möglichst

Gefahr der Füllhornpolitik

schnellen und möglichst menschlichen Ende zu verhelfen.

Wie dies auf wirklich humane Weise geschehen könne, war jahrelang die moralische Grundfrage der Staats- und Wirtschaftsführer. Ich selbst habe viele Jahre meines Lebens diesem Gordischen Knoten geopfert. Wie Sie meinem Anschreiben entnommen haben dürften, war ich Leiter der Agrar-Logistik Außenhandel bei der Kommission in Brüssel und in dieser Eigenschaft an der Entwicklung der neuen humanisierten Hungerpolitik nicht ganz unbeteiligt. Ich darf sogar mit einigem Stolz sagen: Ich bin dabeigewesen.

Gordischer Knoten

Sternstunde Lennox

Ich kann mich noch gut erinnern, wie uns buchstäblich die Schuppen von den Augen fielen. Wir saßen bei einem informellen Briefing in einem kleinen Restaurant außerhalb Brüssels vor einer ausgezeichneten Bouillabaisse, als der Brite in unserer Runde, Laurence Lennox, den Löffel beiseite legte und sagte: »Es ist völlig sinnlos, meine Herren, neue Konzepte und Programme zu entwerfen, die vom bürokratischen Geist der Supergremien und Direktionsetagen geprägt sind. Warum versuchen wir nicht, das Problem von unten anzupacken? Ich denke, die Lösung liegt sozusagen auf der Straße – wir Beamten sind nur zu blind, sie zu sehen.«

Keine Angst, Herr Präsident, ich habe nicht die Absicht, Sie mit meinen Memoiren zu langweilen. Ich raffe alle weitschweifigen Diskussionen, die auf jene Sternstunde folgten, zu dem Ihnen bekannten Ergebnis zusammen: Unsere freiheitlich-antibürokratische Idee baute auf die Stärke der Demokratie, auf die Verantwortung des Einzelnen und auf den sei-

demokratischer Ansatz

ner Rechte und Pflichten bewußten mündigen Bürger. Es galt lediglich zu begreifen, was längst Realität war: Der Souverän des Marktes, der über Angebot und Nachfrage gebietende Verbraucher hält die Schlüssel für eine menschenwürdige Zukunft unseres Planeten in der Hand.

Drei Brüsseler Formeln

Aus dieser Erkenntnis ergab sich die 1. Brüsseler Formel: Wir Verbraucher entscheiden letztlich über die Zahl der Hungernden.

Daraus folgt: Wir vermögen diese Zahl zu erhöhen und, sofern wir sie mittelfristig kräftig genug erhöhen, langfristig zu reduzieren, da der vom Hunger Erlöste logischerweise auch seine Fortpflanzungsfähigkeit verliert.

Damit war die 2. Brüsseler Formel entdeckt: Hunger schaffen heißt, langfristig den Hunger abschaffen.

Aus der ersten und der zweiten ergab sich dann die 3. Brüsseler Formel: Wenn wir die Konsumenten zu gezieltem Mehrverbrauch stimulieren, kann der Hunger ausgerottet werden.

Mit diesen drei bahnbrechenden Erkenntnissen war das Fundament für die Rettung der Menschheit gelegt. (Ich konnte es allerdings unseren amerikanischen Partnern nicht verübeln, daß sie gegen diese Formeln polemisierten, sie hätten mehr mit Chicago als mit Brüssel zu tun – aber in der Politik gibt es nun einmal keine Patentrechte). Mit diesen Formeln konnte auch endlich von einer humanen Hungerpolitik gesprochen werden. Einmal, weil der humane Zweck auch die Mittel humanisiert. Und zweitens, weil die Erlösung vom Hunger gewaltfrei und auf der Basis des freie-

humaner Aspekt

sten und deshalb menschlichsten Wirtschaftssystems aller Zeiten vonstatten gehen kann.

erfolgreiche Popularisierung

Niemand bezweifelt heute den durchschlagenden Erfolg der an unseren Formeln orientierten Praxis. Was vor fünf Jahren nur Experten klar war, weiß heute beinah jedes Schulkind: Alle Verbraucher, die guten Willens sind, können demokratisch und gleichberechtigt an der Ausrottung des Hungers mitwirken. Jede Frau und jeder Mann, Gemüseesser oder Fleischesser, Tee- oder Kaffeetrinker, Liebhaber von edlen Metallen oder edlen Hölzern, jeder kann, unter Einhaltung gewisser Spielregeln, nach seiner Fasson und seiner Brieftasche dazu beitragen.

menschliche Werte

So ist es endlich ein Vergnügen geworden, sich der Hungernden anzunehmen und gleichzeitig Genuß und Lebensfreude voll entfalten zu dürfen. Im Trend des Neo-Optimismus rückten die menschlichen Werte wieder in den Vordergrund. Gerade unsere vielgescholtene Konsumgesellschaft erlaubte einen neuen Blick auf die angeblich so fernen Mitmenschen, erlaubte ein neues Gemeinschaftsgefühl. Immer mehr Verbraucher wurden von der Einsicht beflügelt, der Mehrzahl der Bewohner der armen Welt dadurch zu helfen, daß sie ganz nüchtern als Lebensmittel betrachtet und behandelt werden, freilich als Lebensmittel im übertragenen Sinn. Wir konnten die düsteren Ideologien abschütteln und den Armen, den Elenden ähnlich wie uns selbst als bescheidene Kreatur im Garten der großen Mutter Erde sehen, die jedem bestimmte Aufgaben zuweist. So hat sich eine zeitgemäße Form von Brüderlichkeit über die Grenzen der Kontinente, Sprachen und Rassen hinweg entwickeln kön-

Lebens-Mittel

nen. Der Smog jenes drückenden, kollektiven Zeitschmerzes und der Weltkatastrophengefühle wurde allmählich fortgeweht. Und unsere Neue Hungerpolitik erweist sich immer mehr als aktive Friedenspolitik!

aktive Friedenspolitik

Schuldgefühl ist immer eine Quelle für Aggressionen – ebenso wie unsere andauernde Mildtätigkeit auf der Gegenseite viele Aggressionen geweckt hatte, da sich die Empfänger immer gedemütigt und verachtet fühlen mußten. Aber nun verschwanden alle feindseligen Regungen dieser Art. Das wäre einmal eine lohnende Aufgabe für unsere unterbeschäftigten Friedensforscher: zu untersuchen, wie viele Kriege mit welchen Ausmaßen in den letzten Jahren allein durch die friedensstiftende Komponente der Neuen Hungerpolitik vermieden wurden!

Sie werden mir verzeihen, Herr Präsident, wenn ich ein wenig ins Schwärmen gerate bei dieser kleinen Rückschau, die Sie bitte nicht als eine unnötige Abschweifung betrachten wollen. Denn ich bin mitten in meinem Thema. Die Entlastung der Gemüseesser von den unsinnigen Vorwürfen muß nämlich schon in der Anfangsphase der Neuen Hungerpolitik ansetzen, wenn wir wirklich jeden Schimmer eines Verdachts ausräumen wollen.

Ich frage Sie, Herr Präsident, und ich frage die kritische Öffentlichkeit und insbesondere die überzeugten Fleischesser: Gab oder gibt es irgendwelche Anzeichen oder auch nur die leiseste Vermutung dafür, daß in jener Anfangsphase irgendwelche Vegetarier, sei es als Verbandssprecher oder einfache Bürger, als Gruppe oder als Individuen, in irgendeiner

Einwände der Vegetarier?

Form, schriftlich oder mündlich, in öffentlichen Interviews oder im privaten Kreise, Protest, Kritik oder Einwände, sei es in gröbster, sei es in mildester Weise, vorgebracht hätten? Nein, es gibt solche Anzeichen nicht. Ich bin überzeugt, selbst der Verfassungsschutz dürfte in seinen Datenbanken keine Hinweise auf solche Verweigerungen rhetorischer oder praktischer Art vorfinden.

Es muß also zuerst einmal festgehalten werden: Die Gemüseesser haben die Politik der Ausrottung des Hungers genauso angenommen und getragen wie die übrige Bevölkerung. Und niemand wird ihnen eine a priori ablehnende, eine halbherzige oder weniger einsatzfreudige Position unterstellen dürfen.

Vorwurf: Kannibalismus

Nun habe ich keineswegs vergessen, daß wir damals auch heftige Kritik zu hören bekamen – und zwar von verschiedenen Seiten. Mit der Anregung, die Hungernden als Lebensmittel zu behandeln, setzten wir uns bei gewissen Leuten dem Verdacht aus, etwas greulich Unmenschliches zu propagieren. Kannibalismus! tönte es aus der einen oder anderen Ecke, obwohl in unseren Empfehlungen niemals auch nur der Hauch einer Aufforderung enthalten war, die Armen in unverändertem, verarbeitetem oder zubereitetem Zustand von den Bewohnern unserer Länder verspeisen zu lassen – das verstand sich bei dem vorhandenen Überangebot an Nahrungsmitteln einerseits und bei Berücksichtigung der europäischen Sitten andererseits ohnehin von selbst.

Vorwurf: zu wenig Kannibalismus

Daneben hatten wir uns mit Sektierern herumzuschlagen, die von unserer hochzivilisierten Gemeinschaft genau solche kannibalistischen Abscheulichkeiten forderten. Ich erinnere nur an jenen irischen Pastor, der nicht müde wurde, zur Bekämpfung des Hungers und der Armut das Schlachten, Kochen und Verspeisen unschuldiger Kinder zu empfehlen. Ein typisch eurozentrischer Vorschlag übrigens, der wegen der in Entwicklungsländern stark verbreiteten Kinderliebe kaum Aussicht auf durchschlagenden Erfolg hätte und außerdem in seiner Unmenschlichkeit, das Schicksal der Kinder von dem ihrer Eltern zu trennen, kaum zu übertreffen ist.

Wir haben diese Kritiker nach und nach beruhigen können, denn die Tatsachen begannen für uns zu sprechen. Es hat sich als richtig erwiesen, nur absolut unblutige Mittel zu befürworten, die für die Betroffenen schmerzlos und für die Verbraucher in höchstem Maß appetitlich sind. Mit dem Prinzip der freien Entfaltung der Natur und dem freien Spiel der marktwirtschaftlichen Kräfte konnte schließlich den menschenfresserischen Regungen des hartnäckigen Iren der Boden entzogen werden und die umfassende Demokratisierung des Problems voranschreiten.

unblutige Mittel

Demokratisierung des Problems

Sie sehen, Herr Präsident, ich habe mir die Mühe gemacht, die damaligen Debatten noch einmal zu rekonstruieren. Meine Studien in verschiedenen Archiven beweisen es erneut: Keiner dieser abstrus kritischen Einwände kam von Gemüseessern. Und nichts deutet darauf hin, daß auch nur eine Minderheit von ihnen diese Kritik gesteuert, angefeuert oder verbreitet hätte. Auch an diesem Punkt muß also die Unschuld der Gemüseesser als erwiesen gelten.

Was wir bisher erreicht haben, hochverehrter

gemeinsame Leistung

Herr Präsident, war und ist eine gemeinsame Leistung aller mündigen Weltbürger. Heute können wir jeden Hungerleider, der sich via Bildschirm und Illustrierte in unsere Wohnzimmer einschleicht, als Beweis dafür nehmen, daß wir auf dem richtigen Weg sind. Die weinenden Kinder aus der Sahelzone, die Slumbewohner aus São Paulo, die nach Reis sich streckenden Hände in Bangla Desh dürfen wir als bewegende, menschliche Zeichen für den Erfolg unseres, den Realitäten angepaßten Konzepts werten. Wer hätte das vor ein paar Jahren zu träumen gewagt! Dieser Erfolg ist in erster Linie der Einigkeit der Verbraucher zu danken. Deshalb ist jede Form von Zwietracht, wie sie sich gegenwärtig im wachsenden Haß auf die Gemüseesser äußert, so gefährlich und darum so schnell wie möglich aus der Welt zu schaffen.

Prinzip Freiheit

Ehe wir nun prüfen, ob sich die Gemüseesser der gemeinsamen Aufgabe in irgendeiner Form entzogen haben, muß noch einmal an das Prinzip der Freiheit und Freiwilligkeit erinnert werden.

Hunger schaffen ohne Waffen

Unser bahnbrechendes Konzept ist in der Öffentlichkeit erstaunlich schnell anerkannt, ja in der Formulierung »Hunger schaffen ohne Waffen« regelrecht populär geworden – mit diesem liebenswürdigen Spott hat sich die Bevölkerung von der anfänglichen Verlegenheit gegenüber ihrem eigenen humanen Engagement entlastet. Natürlich hat es auch Zweifler gegeben, denen die Logik der drei Brüsseler Formeln nicht sofort plausibel wurde. Geblendet von unseren überfüllten Märkten, Tischen und Tellern, mußte mancher erst lernen, die

Nahrung als ein Mittel humaner Politik zu betrachten. Abgelenkt von unsern innenpolitischen Problemen, sperrten sich etliche Mitbürger zunächst gegen die Erkenntnis, daß sie als Mitglieder einer der potentesten Nationen Verantwortung tragen für die Lösung des Weltproblems Nummer 1. Voll von Berührungsängsten vor den Schwachen hat so mancher nicht gleich einsehen wollen, daß es neben dem Fernsehapparat und den internationalen Waffensystemen nicht zuletzt die Nahrungsmittel und Rohstoffe sind, die die millionenfache Symbiose von Mensch mit Mensch, von Arm mit Reich bezeugen. *Symbiose*

Heute, da der Informationsstand über die internationale Zusammenarbeit in fast allen Haushalten wesentlich verbessert ist und die Feinabstimmung zwischen Banken, Großfirmen und Regierungen gut zu funktionieren scheint, sind Kritik und Plausibilitätszweifel so gut wie verstummt. Die Verbraucher kennen ihre Nachfragemacht, sie sind es, die den Kreislauf schließen, selbstbewußt und freiwillig arbeiten sie an der Erhöhung ihres Lebensstandards und tun damit gleichzeitig ein nützliches Werk. *Feinabstimmung*

Ich bin auch heute noch stolz darauf, hochverehrter Herr Präsident, daß wir die freiheitliche Hungerpolitik durchgesetzt haben, ohne den emanzipierten Verbraucher zu zwingen, zu manipulieren oder in ein Gestrüpp von Vorschriften zu jagen. Das beweist nicht nur – und wieder einmal mehr – die Überlegenheit des freiheitlichen Gesellschaftssystems, es beweist auch die Mündigkeit des Königs Kunden. *emanzipierte Verbraucher*

Nur auf dem Boden dieser Freiheit konnte der Verbraucher seine heutige Reife entwickeln.

jenseits von Gut und Böse

Diese zeigt sich auch darin, daß so gut wie niemals die Furcht geäußert wurde, man müsse in die Rolle eines Zynikers, Menschenhassers oder Bösewichts schlüpfen, um die richtige Hungerpolitik durchzusetzen. Nein, man hat allenthalben begriffen, daß Leute mit bösen Absichten und finsteren Plänen hier nicht gebraucht werden. Es geht, und das hat die breite Öffentlichkeit längst verstanden, nicht um Gut und Böse, sondern um Angebot und Nachfrage, um Kaufkraft und Verbrauchskraft. Der Weg zur Rettung unseres Globus vor einer bevölkerungspolitischen und ökologischen Katastrophe durch die äußere und innere Bejahung der individuellen Neigungen und Annehmlichkeiten wäre ohne die Reife der aufgeklärten Bürger aller Schichten und politischen Richtungen nicht zu gehen gewesen.

Gefahr des Dirigismus

Diese Grundprinzipien, Herr Präsident, mußten noch einmal deutlich unterstrichen werden, weil in allem, was heute gegen die Gemüseesser vorgebracht wird, ein höchst bedenklicher dirigistischer Unterton zu spüren ist. Der Kampf gegen die Gemüseesser scheint mir auch ein Kampf gegen das Prinzip der Freiheit und Freiwilligkeit in der Hungerpolitik zu sein – und deshalb kann ich Ihnen und allen Verantwortlichen nur empfehlen, die Entwicklung mit allerhöchster Wachsamkeit zu verfolgen.

IV.

Es ist nun an der Zeit, die Vorwürfe im einzelnen zu untersuchen.

Der Hauptvorwurf der Fleischesser lautet, die

Probleme des Getreideverbrauchs

Gemüseesser drückten sich davor, ihren Anteil am Verzehr der gewaltigen Mengen des auf allen Kontinenten vorhandenen Getreides zu leisten. Sie beteiligten sich nicht an einer der hervorragendsten Aufgaben des zahlungskräftigen Teils der Menschheit, möglichst viel dieser Milliarden Tonnen in der einen oder der anderen fleischlichen Form zu verspeisen. Sie trügen so dazu bei, daß ein Teil dieser Mengen nicht in Fleisch umgewandelt werde und deshalb in die Mägen derer fließe, für die er nicht bestimmt sei. Sie unterstützten damit schließlich jene Dummköpfe, die davon träumten, das Getreide, das ausreiche, die gesamte Weltbevölkerung gut zu ernähren, einfach umzuverteilen. Sie stellten damit letztlich die erfolgreiche Hungerpolitik auf den Kopf.

In der Tat, das sind gewichtige Vorwürfe. Was läßt sich darauf erwidern?

nicht vom Fleisch allein

Zunächst einmal: Der Mensch lebt nicht vom Fleisch allein. Auch am Ende des 20. Jahrhunderts hat das gute, alte Brot noch einen hohen nahrungspolitischen Wert. Brot wird auch von Gemüseessern gegessen und durchschnittlich gewiß etwas mehr als von Fleischessern. Zweitens verzehren viele Gemüseesser mit besonderer Leidenschaft Müsli und ähnliche Getreideprodukte. Dennoch gebe ich zu, daß das, gemessen an den Erfordernissen, nicht gerade überwältigend ist.

natürliche Grenzen

Allerdings können wir nicht über die Tatsache hinwegsehen, daß wir Westeuropäer und Nordamerikaner nicht wesentlich mehr Brot und Getreideprodukte essen können, als wir es derzeit tun. Auch die einkalkulierte Brotvernichtung, wie sie vornehmlich von Fabriken für Abpackware betrieben wird, oder ein individueller, bedarfsübersteigender Brotkauf können daran nichts wesentliches ändern – niemand, der solches tut, sollte sich einbilden, damit schon ein gutes Werk zu tun.

Verwandlung in Fleisch

Weitaus effektiver ist es, da haben die Fleischesser völlig recht, möglichst viel Getreide an unser Vieh zu verfüttern und somit in Fleisch zu verwandeln. Allerdings, das muß gleich festgehalten werden, habe ich noch keinen Gemüseesser getroffen, der diesen Weg unvernünftig genannt hätte. Im Gegenteil. Gerade unter Gemüseessern ist ein überdurchschnittliches Bewußtsein für die Nahrungsmittelqualität festzustellen. Deshalb sprechen sie sich in der Regel dafür aus, den Anteil der Weltgetreideernte, der gegenwärtig Rindern, Schweinen, Gänsen und Hühnern vorgesetzt wird, noch zu erhöhen und auf USA-Niveau zu heben (ca. 85%). Denn die Gemüseesser sind im allgemeinen so tolerant, den Fleischessern möglichst schmackhaftes und gesundes Fleisch von optimal gefütterten Tieren zu gönnen.

Qualitätsverbesserung

Nicht anders als die Fleischesser wissen die Gemüseesser gerade wegen ihrer ausgeprägten Tierliebe um die Notwendigkeit eines ökonomisch wie hungerpolitisch ausgewogenen Ernährungsprogramms für unsere Masttiere und Milchkühe, Landschweine und Legehennen. Denn diese haben außer dem Getreide auch noch größere Mengen anderer proteinreicher und für den Menschen bestens geeigneter Nahrung zu vertilgen, zum Beispiel Soja aus Brasilien, Maniok aus Thailand, Erdnüsse aus dem Sahel, Fischmehl aus Peru, usw.

Es geht aber – und auch darüber sind die Gemüseesser informiert – nicht nur um den Verbrauch der Getreidetonnen und nicht nur um Geschmacksverbesserungen. Die Ausrottung des Hungers kann nur auf der Basis eines stabilen Preisniveaus funktionieren. Solange wir unsere Tiere mit Weizen und Gerste in den Futtertrögen erfreuen und solange hinter jedem europäischen Schwein und hinter jedem nordamerikanischen Rind mehr Kaufkraft steckt als hinter dem armen Afrikaner oder den philippinischen Kindern, besteht für die Hungerpolitik keine ernsthafte Gefahr. Denn die hohen Preise haben u. a. den günstigen Nebeneffekt, daß sich das Getreide aus den unterentwickelten Ländern leichter abziehen läßt – da die einheimischen Produzenten von unseren Getreidekonzernen viel mehr gezahlt bekommen als auf dem Binnenmarkt. Objektiv gibt es also keinen Grund zur Panik.

Kaufkraft hinter dem Rind

Kalorien-Argument

Nun leitet sich das Überlegenheitsgefühl der Fleischesser von einer nicht zu unterschätzenden Tatsache ab. Triumphierend weisen sie immer wieder auf die bekannte Kalorienformel hin, an der sie sich orientierten, um die optimalen Verbrauchseffekte zu erzielen. So benötige man drei Kalorien pflanzlicher Nahrungsmittel, um eine Kalorie Schweinefleisch zu erzeugen, bei Eiern betrage dieses Verhältnis 4:1, bei Milch 5:1, bei Rindfleisch schon 10:1, und zur Erzeugung von einer Kalorie Hühnerfleisch müßten immerhin zwölf Getreidekalorien aufgewendet werden. Sie, die Fleischesser, gingen besonders differenziert vor, indem sie den Verzehr von Hühnern und Rindern bevorzugten und dafür sorgten, daß diese am höchsten veredelten Tiere auf unseren Speisekarten und Tellern den vornehmsten Platz einnähmen. Gewiß, an diesem Triumph ist nicht das geringste auszusetzen.

Protein-Argument

Und die Fleischesser könnten sogar auf einen zweiten großen Pluspunkt verweisen. Denn auch bei der unscheinbaren Sojabohne droht mit der Überproduktion die Gefahr einer falschen, egalitären Hungerpolitik. Da die Welternte von Ölfrüchten, darunter vor allem Soja, so viel Protein enthält, um den gesamten Eiweißbedarf aller Erdbewohner gleich mehrfach zu decken, müssen enorme Anstrengungen unternommen werden, diese Proteine auf die richtigen Märkte zu schaffen. Da die Ölfrüchte (neben Soja vor allem Leinsaat, Baumwollsaat, Erdnüsse, Sesam, Sonnenblumen- und Palmkerne usw.) außer in den USA fast ausschließlich in Entwicklungsländern geerntet werden, sind die Verantwortlichen der Wirtschaft bemüht, die Herstellung von Lebensmitteln aus diesen eiweißreichen Früchten zu unterbinden und sie statt dessen unseren Hochleistungskühen und Vielrippenschweinen als Futtermittel zuzuführen. Und wer, wenn nicht die Fleischesser, ermöglichen diese rentable Lösung? Wer außer ihnen dürfte mit Stolz behaupten, allein in Brasilien in den letzten Jahren 5 Millionen elend existierende Bauern, die dem Siegeszug der zum Export bestimmten Sojabohne weichen mußten, zu hungerveranlagten Großstadtbewohnern gemacht zu haben?

Gemüseesser halten mit

All diese unstreitigen Verdienste rechtfertigen aber keineswegs die schwerwiegenden Vorwürfe gegen die andere »Fraktion«. Denn bei aller berechtigten Fixierung auf den Fleisch-Konsum wird leicht übersehen, was die Gemüseesser ihrerseits in überdurchschnittlichen Mengen verzehren: Brot, Getreideprodukte – und sei es in der Form von Corn

Flakes oder Popcorn oder allen möglichen Müsli-Varianten – Milch, Milchprodukte (Joghurt, Quark, Milchshakes), Eier, Sesam, Soja-Drinks, Sonnenblumenkerne usw. – das halbe Reformhausprogramm und fast die ganze, enorm expandierende Bio-Kost wäre hier zu nennen. Ich bin zwar kein Statistiker, aber wer wie ich das Markt- und Kaufverhalten sorgfältig beobachtet, der wird keinen Zweifel daran haben, daß diese Mengen sich neben den durch Fleisch-Konsum den ärmeren Ländern entzogenen Kalorien durchaus sehen lassen können.

expandierende Bio-Kost

Es gibt also auch in dieser Hinsicht keinen Grund, die Gemüseesser zu diskriminieren und unter Druck zu setzen. Und die Vegetarier selbst brauchen sich nicht zu schämen, auch sie tragen zum konstanten Weltmarktpreis für Getreide, Soja usw. bei und halten damit die schwachen Völker vom hungerpolitisch fatalen Zugriff auf diese wertvollen Grundnahrungsmittel fern.

Niemand wäre begeisterter als ich, wenn jeder Bürger der Industriestaaten seine Fleischportionen verdoppeln und jede Hausfrau im Supermarkt auch an die Erhöhung des Pro-Kopf-Verbrauchs der Kinder, Hunde und Katzen denken würde. Trotzdem lasse ich mich nicht zu einem Fanatismus hinreißen, der auf einen allgemeinen Fleisch-Verbrauchs-Zwang oder ein Fleisch-Mehrverbrauchs-Dekret hinausliefe. Denn in unserem freien Land soll die Freiwilligkeit die stärkste Waffe bleiben.

kein Fleisch-Verbrauchs-Zwang

Ebenso unvernünftig wäre es nämlich, wenn die Fraktion der Gemüseesser nun zum Gegenschlag ausholte und einen Gemüse-Verbrauchs-Zwang auf ihre Fahnen schriebe. Denn auch sie hat ja, auf ihrem Felde, mehrere starke Trümpfe in der Hand.

Gemüse aus Afrika

Haben wir nicht, so könnten die Gemüseesser mit Stolz fragen, dazu geholfen, die afrikanischen Länder in unsere Hungerpolitik einzubeziehen, indem wir sie zu Gemüselieferanten Europas gemacht haben? Ist die Partnerschaft zwischen Europa und seinen südlichen Nachbarn nicht bald schon so fest wie die zwischen den USA und den Ländern Mittel- und Südamerikas? Haben nicht etliche Großfirmen sich dort niedergelassen, wo die Arbeitskräfte extrem billig und riesige Ländereien günstig zu haben waren? Haben sie nicht mit modernster Technologie und den leicht abzuzapfenden Staatshilfen große Plantagen errichtet – auch und gerade in den Ländern, die gewöhnlich zu den allerärmsten gezählt werden? Haben die Eigentümer dieser Großfarmen von den einheimischen Bauern nicht das gute Land und das kostbare Wasser übernommen? Sind diese Plantagen etwa nicht mit besonderer Liebe in den von Hunger und Dürre tangierten Ländern errichtet worden? Sind dort nicht den europäischen Normen entsprechend grüne Bohnen, Paprika, Tomaten, Kartoffeln, Gurken, Karotten, Küchenkräuter und Hülsenfrüchte angebaut und, vor allem in den Wintermonaten, auf die Großmärkte Europas geflogen worden? Sind das etwa nicht Hunderttausende, Millionen, mehrere Millionen Tonnen im Jahr? Und lassen wir auf den Märkten nicht das Ostblock-Gemüse liegen und stürzen uns auf die afrikanische Ware? Und haben wir nicht mit dem ganzjährigen Verzehr von Auberginen und Mangos, Ananas und Kokosnüssen und

europäische Normen

den gängigeren Obstsorten wie Äpfeln und Erdbeeren usw. dazu beigetragen, den Anbau von Grundnahrungsmitteln in den entsprechenden Landstrichen zu schmälern und mehr und mehr zu unterbinden?

Preisniveau

Ja, dreimal ja, das alles ist wahr und kann den Gemüseessern nicht ernstlich in Abrede gestellt werden. Der Einwand mancher Vertreter der Fleischesser-Fraktion, der afrikanische Weg falle nicht ins Gewicht, weil die EG selbst im Gemüsebereich unter Überschüssen zu leiden habe, trifft nicht. Denn die Überschüsse beweisen höchstens das Gegenteil: Nur weil die EG Hunderte von Millionen DM ausgibt, Obst und Gemüse aus dem Markt zu ziehen, damit die Preise hoch bleiben, kann ein Preisniveau gehalten werden, das den großen Firmen solche afrikanischen Initiativen überhaupt lukrativ macht!

Dennoch ist es nicht ganz von der Hand zu weisen, daß im Vergleich mit den europäischen Gemüsebergen die aus Afrika importierten Mengen relativ gering sind. Dazu einige Bemerkungen.

Wachstumsraten enorm

Erstens ist hier auf die enormen Wachstumsraten zu achten – der Trend ist derart positiv, daß das Mengenargument in wenigen Jahren wegfallen wird.

Zweitens muß daran erinnert werden, daß in der Regel über die Hälfte der Import-Gemüseernte gar nicht in unseren Statistiken erscheint, weil sie vernichtet oder allenfalls als Viehfutter verwendet wird, da sie unseren Schönheitsmaßstäben nicht entspricht oder doch auf einen überversorgten Markt treffen würde.

Drittens kommt es nicht immer auf die Menge

Hungerrelevanz

an, sondern auf die Hungerrelevanz des entsprechenden Produkts. Wer Reis aus afrikanischen, Kartoffeln aus indischen, Erdbeeren aus mexikanischen Notstandsgebieten verzehrt, leistet vielleicht nicht quantitativ, aber doch qualitativ einen hohen Beitrag zur Ausrottung des Hungers.

Schließlich wird kein Gemüseesser bestreiten, daß nicht noch mehr getan werden könnte.

Vorbild USA

Der Europäer aber kann hier einmal mehr die USA als Vorbild nehmen, die ihre Obst- und Gemüselieferländer, freilich auch dank einiger anderer Hilfsmittel, marktmäßig so fein abgestimmt haben, daß die Hungerpolitik nicht besser funktionieren könnte. Ich denke, in unserer an Vorbildern und Idealen so armen Zeit kann es gewiß kein Schade sein, sich an diesem großen Ziel zu orientieren.

Wir wollen die Gemüseesser aber nicht nur von ihrer besten und effektivsten Seite zeigen, sondern wir müssen auch untersuchen, wie sie sich

gemüseneutraler Bereich

im dritten, gemüseneutralen Bereich verhalten. Wenden wir uns also den Produkten zu, die weder als Domäne der Fleischesser noch als Domäne der Gemüseesser gelten können.

Wenn ich es richtig sehe, hat die große Mehrheit der Verbraucher inzwischen gelernt, ihr Augenmerk verstärkt auf solche Nahrungs- und Genußmittel zu richten, die aus Ländern stammen, deren Wohl und Wehe vom Absatz eines oder ganz weniger Produkte oder Rohstoffe abhängig ist. Wenn die Deviseneinnahmen mehr oder weniger aus dem Export eines einzigen Produkts fließen, dann ist dieses Exportland besonders anfällig für die Schwankungen des Marktes. Es kann verhältnismäßig leicht von der Eigenversorgung mit Nahrungsmitteln abgelenkt und in unser Hungerlösungskonzept eingebunden werden.

Fleischesser und Gemüseesser bestimmen also in gleicher Weise über das Schicksal der hungerrelevanten Personen in den Ländern mit, die sich überwiegend dem Kaffee verschrieben haben wie Uganda, Kolumbien, Guatemala, Brasilien. Ähnliches trifft für Sri Lanka und den Tee, Ghana und den Kakao und Dutzende anderer Staaten zu.

Kolonialwaren

Wenn man nun die Trinkgewohnheiten der Fleischesser mit denen der Gemüseesser vergleicht, so wird man keine nennenswerten Unterschiede hinsichtlich der Durchschlagskraft ihrer Gewohnheiten feststellen. Beide Fraktionen greifen beherzt zu diesen ehrwürdigen Kolonialwaren, kaufen gezielt nach den Herkunftsländern ein und wissen, daß sie die Monokultur in den betreffenden Ländern fördern und zum Rückgang der Anbauflächen für Grundnahrungsmittel beitragen. Und allen besonders gut informierten Fleischessern und Gemüseessern ist bewußt, daß mit ihrem Verbrauch von Kaffee, Tee, Kakao usw. auch der Raubbau zügig voranschreitet. Die Fruchtbarkeit der Erde wird – wenn ich einmal bildlich sprechen darf – zu uns exportiert, bis schließlich die Bodenerosion als dynamisches Mittel die hungerpolitisch relevanten Prozesse beschleunigt.

Fruchtbarkeitsexport

Hin und wieder hört man allerdings den Einwand, wir Verbraucher mit unserer Nachfragemacht könnten zum Beispiel im Fall des Kaffees oder Tees oder Kakaos in den hungerrelevanten Ländern entgegen unseren Absich-

eurozentrische Einwände

ten zu einer gewissen Verlangsamung der mittelfristigen Hungerpolitik beitragen.

Zunächst einmal sei versichert, daß auch diese Dummheiten nicht aus den Köpfen von Gemüseessern stammen. Dieser Einwand scheint mir wieder einmal ein typisch eurozentrischer Gedanke zu sein. Denn in den Ländern, mit denen wir es hier als Partnern zu tun haben, läßt selbst eine erheblich verstärkte Nachfrage die sozialen Verhältnisse unangetastet. In der jüngsten Geschichte ist es nach meiner Kenntnis noch nie vorgekommen, daß ein erhöhter Export der genannten Produkte den Kleinbauern und Landarbeitern nennenswerte Preis- oder Lohnvorteile eingebracht hätte. Die eventuellen Zugewinne verbleiben bei den Tüchtigen. Dank des erfreulichen Überangebots von Arbeitskräften nämlich gelingt es den Großgrundbesitzern, Kreditgebern und Großhändlern immer wieder, auch bei erhöhten Erlösen Schwankungen im Gefüge der Hungerlöhne zu vermeiden.

Zugewinn der Tüchtigen

Fleisch- und Gemüseesser in der Waagschale

Es deutet also nichts darauf hin, daß die Fleischesser generell mehr zur Ausrottung des Hungers beitragen als die Gemüseesser. Gewiß wird man immer einzelne Produktbereiche finden, in denen die Fleischesser effektiver konsumieren als die Gemüseesser – aber auch umgekehrt.

Nun ist eine Denkschrift nicht der richtige Ort, die großen Speisekarten oder das Sortiment eines Supermarkts durchzugehen und die einzelnen Artikel auf die Hungerrelevanz hin zu prüfen. Deshalb möchte ich Sie, hochverehrter Herr Präsident, nicht mit weiteren Einzelheiten behelligen. Da aber zur Zeit die Gemüseesser am Pranger stehen, muß ich vorsorglich noch auf zwei Gebiete hinweisen, bei denen die Gemüseesser eindeutig im Vorteil liegen. Die Vorsorge scheint mir angebracht, um gegen eventuell nachgeschobene Unterstellungen fanatischer Fleischesser stichfeste Argumente in Reserve zu halten.

Meeresfrüchte

Die Gemüseesser, das leidet wohl keinen Zweifel, sind überwiegend tüchtige Fischesser, und diese Tatsache verdient eine kurze Würdigung. Seit der Einführung des sogenannten industriellen Fischens mit Hilfe moderner Fangtechniken speziell vor den Küsten der Entwicklungsländer wird die Ernährung der armen Bevölkerung dieser Landstriche direkt tangiert. Wegen des ergiebigen Abfischens durch die Fangflotten der Industriestaaten – hier drückt sich die Sowjetunion einmal nicht vor einer Gemeinschaftsaufgabe – steigen in den Küstenregionen die Preise derart, daß die Armen die Fische nicht mehr kaufen und damit immerhin den Gefahren einer Bleivergiftung entkommen. Zwar wird ein größter Teil der Fangmengen zu Fischmehl und anderen Futtermitteln verarbeitet, aber was in unsere Fischgeschäfte und Tiefkühltruhen kommt, ist immer noch so viel, daß der Nachfrageschub die fischhandelnden Konzerne zur Fortsetzung ihrer Arbeit ausreichend motiviert.

Hummer gegen Hunger

Ähnlich produktiv ist der Hummer- und Krabbenfang vor diesen Küsten, mit dem systematisch die Laichgründe der für die restliche Küstenfischerei verbleibenden Speisefische vernichtet werden. Die Feinschmecker alter und neuer Küche können sich – wie man hier leicht sehen kann – auf eine besondere Weise verdient machen. Ihre Vorliebe für Froschschenkel beispielsweise kann längst nicht mehr von den in Europa nachwachsenden Tieren befriedigt werden. Auch sie kommen vorzugsweise aus hungerrelevanten Ländern – man denke, wieviel Frösche allein in Indien zusammenkommen, um Schenkelchen von mehreren tausend Tonnen Gewicht für den jährlichen Export bereitzustellen, der in den einst froschreichen Regionen des Landes dafür sorgt, daß die Insekten immer mehr überhand nehmen und nur mit Tonnen von Chemikalien bekämpft werden können, was wiederum Wasser, Luft und Boden in Mitleidenschaft zieht und damit auch die Nahrungsmittelproduktion trifft.

Pluspunkte für Feinschmecker

differenzierterer Verbrauch

Einen letzten großen Pluspunkt für die Gemüseesser sehe ich in ihrer überdurchschnittlichen Fähigkeit zum differenzierten Verbraucher-Verhalten. Wie Sie wissen, Herr Präsident, kann nicht für jedes Produkt die Parole des Mehr-Verbrauchs gelten, vielmehr muß bei einigen zum konsequenten Minder-Verbrauch geraten werden, wenn optimale Effekte erzielt werden sollen. Einer der wichtigsten Posten ist hier der Zucker. Öfter als unter Fleischessern hat sich unter Gemüseessern das Wissen verbreitet, daß die EG der größte Zuckerproduzent der Welt ist. Da sowohl in der EG als auch in den Zuckerrohrländern der Dritten Welt mehr Zucker hergestellt wird als der Markt aufnehmen kann (und die EG selbstverständlich nicht daran denken darf, ihre Rübenbauern durch weitere Beschränkungen zu verprellen), ergibt sich bekanntlich die großartige Gelegenheit, Jahr für Jahr gewaltige Mengen des europäischen Überschuß-Zuckers zu Billigstpreisen auf den Weltmarkt zu bringen. Die

Vorsicht Zucker

Folge ist klar: Die armen Länder erhalten für ihr Zuckerrohr, oft ihre wichtigste Einnahmequelle, immer weniger an Gegenwert. Der europäische Verbraucher, der an der richtigen Hungerpolitik mitwirken möchte, erhöht also seinen Zuckerkonsum nicht, sondern reduziert ihn – was ohnehin seiner Gesundheit dient. Da die Gemüseesser nun zuckerkritischer sind als die übrige Bevölkerung und sparsam mit Zukker umgehen bzw. ihn absolut meiden, muß ihnen hier noch einmal ein ganz außerordentlicher Dank ausgesprochen werden.

argumentativer Triumph

Vor dem Hintergrund der Fakten ist nun das Kartenhaus der Vorwürfe gegen die Gemüseesser jämmerlich in sich zusammengesunken. Das Anliegen meiner Denkschrift ist es nicht, diesen argumentativen Triumph auszukosten und den Spieß nun gegen die Fleischesser oder andere Fraktionen zu wenden. Meine Aufgabe ist es vielmehr, dem Ernst unserer gemeinsamen Sache gemäß mit einigen grundsätzlichen Gedanken fortzufahren und über die Möglichkeiten zur Verbesserung der bisherigen Hungerpolitik nachzudenken, um weitere Aggressionen und Konflikte zu vermeiden.

Versöhnung

Gestatten Sie mir aber, hochverehrter Herr Präsident, zuvor eine kleine Anregung. Die Versöhnung der Fleischesser mit den Gemüseessern ist nicht nur von der Sache her geboten, sondern auch um Europas, ja der Menschheit willen das Gebot der Stunde. Sie, Herr Präsident, sind mehr als jede andere Autorität und mehr als jeder Interessenverband in der Lage und befugt, die zur Zeit noch verfeindeten Parteien zur Versöhnung aufzurufen. Wenn all die törichten Vorwürfe – auch mit Ihrer geschätzten Hilfe – nachhaltig entkräftet sind, dann möchte ich Sie bitten, einen nationalen, einen europäischen, einen internationalen Versöhnungstag auszurufen. Höhepunkt dieses

Versöhnungsessen

Tages sollten Versöhnungsessen in allen Dörfern und Städten, in allen Stadtteilen und Nachbarschaften sein, bei denen Gemüseesser und Fleischesser wieder gemeinsam feiern und tafeln und bechern – selbstverständlich unter besonderer Bevorzugung ausgesucht hungerintensiver Speisen und Getränke. An solch einem Tag darf natürlich weder an afrikanischer Grillkohle noch an Blumengrüßen gespart werden, und ich sehe sie schon vor mir, die Rosen und Nelken aus Kolumbien, die Schnitt-

Versöhnungsblumen

blumen und Blattpflanzen afrikanischer Plantagen, wie sie unsere Straßenfeste, unsere Tische schmücken, und der alte nutzlose Streit wird unter Bergen von abgenagten Knochen und unter einem Meer von Blumen begraben werden …

Entschuldigen Sie, Herr Präsident, diesen kleinen Vorgriff, der mir beim Sprechen in das Diktiergerät spontan unterlaufen ist. Gleichwohl möchte ich diesen Gedanken der Reinschrift nicht entreißen und bitte Sie um eine wohlwollende Prüfung.

V.

Es wäre ein nur oberflächliches und leichtsinniges Verfahren, die Vorwürfe gegen die Gemüseesser lediglich auf der rationalen Ebene zu widerlegen und sich mit dem bisher Gesagten zufriedenzugeben. Ich halte es nämlich für nicht unwahrscheinlich, daß bei Teilen der Bevölkerung die irrationale Komponente im Haß gegen die Gemüseesser so stark ist, daß wir ihr mit den Mitteln der vernünftigen Argumentation gar nicht beikommen.

irrationale Komponente

Fest steht nur das eine: die Unruhe im Volk nimmt zu. Während ich dies schreibe, berichten die Zeitungen von dem bekannten Vegetarier R., der fünf Tage lang gefangen und eingesperrt offenbar unter Gewalt zum Fleischverzehr gezwungen werden sollte. Solche Dinge erschrecken und beunruhigen mich zutiefst, und ich bin sicher, daß es Ihnen nicht anders geht, hochverehrter Herr Präsident.

Unruhe nimmt zu

Wie konnte es dahin kommen? Erscheint einer kleinen Minderheit unsere Hunger-Ausrottungs-Politik nicht radikal genug? Oder sind ihr die Zusammenhänge nicht mehr überschaubar? Müssen wir hinter den Übergriffen politische, wirtschaftliche oder gar ideologische Interessen vermuten? Sind vielleicht Provokateure am Werk, die gar nicht die Gemüseesser, sondern unsere gesellschaftliche Ordnung angreifen? Oder handelt es sich bloß um irrationale Ausbrüche?

Provokateure?

Wie auch immer – wir müssen mit Nüchternheit und Besinnung an die Ursachen der Vorwürfe und der Gewalt herangehen. Aus diesem

Grunde darf die Neue Hungerpolitik nicht tabuisiert werden. Sie muß vielmehr einer kurzen, kritischen Zwischenbilanz unterzogen werden. Wir dürfen dabei nicht vor der Frage zurückschrecken, ob irgendwo Fehler gemacht wurden, ob an irgendeiner Nahtstelle des Hunger-Ausrottungs-Konzepts Irritationen entstanden sind, die sich nun entladen im Zorn gegen eine vermeintlich schwache Gruppe, gegen grundlos aufgebaute – oder nur massenpsychologisch erklärbare – »innere Feinde«, als die die Gemüseesser heute offenbar herhalten müssen.

massenpsychologische Phänomene

Ich werde diese Fragen nun in der gebotenen Kürze erörtern und dabei, wie ich hoffe, mit der gleichen Gewissenhaftigkeit, Überparteilichkeit und Sachkenntnis vorgehen wie bisher. Der Verdacht innergesellschaftlicher Konflikte zwingt mich, zuerst einen Blick auf die Arbeit der verantwortlichen Politiker, Bankiers und Konzernmanager zu werfen. Es ist zu prüfen, ob sie sich das Programm »Hunger schaffen« im globalökologischen Sinn zu eigen gemacht und gemäß den Bedürfnissen der Verbraucher praktiziert haben. Gibt es, so werde ich fragen, in unserem fein abgestimmten wirtschaftlich-politischen System irgendwelche den Brüsseler Formeln zuwiderlaufenden Fehler? Fehler, die wir vor Jahren noch nicht gesehen, oder Fehler, die wir bislang unterschätzt haben?

Systemfehler?

Zwischenbilanz Nahrungsmittelhilfe

Ein Fehler, so hörte ich neulich an einem Stammtisch, sei die sogenannte Nahrungsmittelhilfe. Sie stehe doch, so hieß es, ganz offensichtlich im Widerspruch zur ansonsten so effektiven Hungerpolitik und müsse endlich eingestellt werden.

Sie wissen, Herr Präsident, wie rückständig diese Ansicht ist. Nahrungsmittelhilfe und Hungernotprogramme durchkreuzen die gemeinsamen Absichten der langfristigen Hungerausrottung nicht, im Gegenteil, sie sind nach meiner Kenntnis geradezu hervorragend geeignet zu ihrer flächendeckenden Verbreitung. Es muß nur gesichert bleiben, daß diese Hilfe von Regierungen an Regierungen geleistet wird – und nicht etwa kollektivistische Projekte gefördert werden, in denen hungerrelevante Personen angestiftet werden, sich selbst zu helfen.

flächendeckend

Zunächst einmal können die Überschüsse an Getreide- und Milchprodukten der teuren Lagerhaltung entzogen und in den ärmsten Ländern unter humanitären Gesichtspunkten abdisponiert werden. Der bedeutende Vorteil solcher Akionen liegt aber darin, daß sie den natürlichen Ausleseprozeß beschleunigen. Denn die aus Europa oder den USA eingeführten Nahrungsmittel werden den Empfängern entweder umsonst oder für ein geringes Entgelt übergeben. Damit treten diese Produkte in Konkurrenz zu den im betreffenden Land erwirtschafteten Lebensmitteln, die selbstverständlich nicht so billig oder gar umsonst an den Endverbraucher kommen. Die Absatzmöglichkeiten für die einheimischen Produzenten werden schlechter, die Produktion verkümmert, die verbliebenen Bauern werden erst entmutigt, dann ruiniert, und der betreffende Staat ist immer weniger in der Lage, die eigene Bevölkerung wenigstens teilweise selbst zu ernähren.

Konkurrenz belebt

Gewöhnungseffekt

Schließlich kommt der Gewöhnungseffekt hinzu. Mit der Zeit stehen die Leute lieber nach Nahrung an, als unter der heißen Sonne auf den Feldern zu arbeiten. Sie verlieren die Fähigkeit, aus eigenen Kräften wieder auf die Beine zu kommen, und werden gegen die Neigungen zur Selbsthilfe immunisiert. Außerdem werden die Eßgewohnheiten verändert, europäisiert und den Weltmarktbedürfnissen angepaßt, während die einheimischen Nahrungsmittel immer mehr ins Hintertreffen geraten.

Langzeitwirkung

Kein vernünftiger Mensch wird deshalb dafür plädieren, ein solches Mittel freiwillig aus der Hand zu geben, das wie kein anderes uns auf so humane Weise die Macht gibt zu entscheiden, wer zeitweilig überlebt und wer eher in den Geltungsbereich der Brüsseler Formeln fällt, welches Land zu politischem Wohlverhalten zu motivieren ist, welches das Investitionsklima zu verbessern hat, usw. Und es ist auch nur selten der Fehler gemacht worden, die Nahrungsmittel dann zu verfrachten, wenn sie angefordert wurden, sondern unsere Regierungen haben im allgemeinen mit abgestuften Verzögerungen deutlich gemacht, daß sie über Weitsicht verfügen.

Zwar kann, das muß zugegeben werden, solche Hilfe trotz allem den kurzfristigen Effekt haben, den akuten Hunger einiger hunderttausend Endabnehmer zu stillen – langfristig aber macht sie ganze Länder zu Flüchtlingslagern und produziert einen solchen Hunger, der von all unseren Weizenbergen, Milchseen und Buttergebirgen nicht beseitigt werden kann und wird.

Bei der Überlegung, wo die Irritationen eines Teils unserer Mitbürger herrühren könnten, habe ich natürlich auch an unsere umfangreichen Milchpulverlieferungen gedacht. Denn viele von uns hängen an der Milch und sehen sie ungern in der Welt herumgereicht. Aber es müßte jedermann einleuchten, daß es besser ist, wenn das Milchpulver in unserem Sinn »arbeitet«, als daß es nutzlos im Tresor liegt. Viele Konsumenten in den belieferten Ländern vertragen nämlich den Milchzucker nicht, was schwere Durchfälle, Schwächungen und zuweilen natürlichen Tod zur Folge hat. Außerdem kann das Pulver nur mit Wasser verwendet werden – da der Zustand des Wassers aber höchst selten hygienischen Kriterien entspricht, kommt es häufig zur Steigerung der Krankheitsraten. Diese unscheinbaren Möglichkeiten, die Menschen von ihren Leiden zu erlösen, sollten nicht überschätzt, aber auch nicht ganz übersehen werden.

die gute Milch

Als nächstes haben wir zu fragen, ob die Banken den Dienst am Kunden wirklich ernst genommen und genug getan haben, die hungerrelevanten Länder für unsere Humanisierungspolitik empfänglich zu machen.

Banken

Über den Wert des starken Dollars und der hohen US-Zinsen gibt es gewiß keine Meinungsverschiedenheiten. Schwieriger ist es schon zu prüfen, ob die großen Banken mit einer ausgewogenen, wohldurchdachten Kreditvergabe immer die optimalen Rahmenbedingungen geschaffen haben. Denn es sind so viele daran beteiligt, die ärmeren Länder an den Fortschritten des Kreditwesens teilhaben zu lassen – von der Weltbank und dem Internationalen Währungsfonds bis zu den vielen kreditstarken Staats- und Großbanken aus allen

Ausgewogenheit

Wirtschaftszentren der Welt –, daß es für Außenstehende nicht einfach ist zu durchschauen, welche Banken nun in welchen Ländern am sorgfältigsten arbeiten. Sicher ist jedenfalls die beispielhafte Solidarität der Banken, mit der sie gewährleisten, daß jedes hochverschuldete Land jene Maßnahmen ohne viel Widerstand annimmt, die uns Geberländern richtig erscheinen.

Schuldensegen

Wo aber könnten die Bankiers falsch gehandelt haben? Sind sie zu nachgiebig gewesen? Haben sie sich einmal humanisierungsfeindlichen Argumenten gebeugt? Haben sie irgendwann sich den Kredit nicht in der Währung, in der sie ihn verliehen haben, zurückzahlen lassen? Nein, sie haben immer auf ihren harten Dollars, Franken oder Mark bestanden. Gerade mit ihrer Festigkeit an diesem Punkt – die natürlich auch ein Gebot der Selbstachtung ist – garantieren sie, daß die betreffenden Länder dem Export verpflichtet sind und bleiben, damit die notwendigen Devisen zusammenkommen. Da diese Einnahmen für die Rückzahlung der Schulden nicht ausreichen (geschweige denn für die nötigsten Importe), führt der Weg gradlinig zu weiteren Darlehen, weiteren Schulden und immer größerer Abhängigkeit. Schließlich wird man den Bankiers auch nicht nachsagen können, sie hätten verhindert, daß die Preise für die Rohstoffe dieser Länder gesenkt und andererseits die Zinsen angehoben wurden.

Nothilfe

Oder hat der Internationale Währungsfonds zu oft gezögert, die Exekutive dieser Länder zu übernehmen und ihren Wirtschaftsministerien seine Politik zu diktieren? Nein. Vielmehr hat er mit Gradlinigkeit und Phantasie zur Ersten

Hilfe gegriffen und die Währung der verschuldeten Länder noch weiter abwerten lassen, um die Importe zu verteuern und Investitionen zu verhindern. Ist er zu wenig entschieden gewesen, Kürzungen in den Staatshaushalten vor allem bei Sozialausgaben durchzusetzen und Subventionen für Grundnahrungsmittel usw. abzuschaffen und damit die Lebenshaltungskosten der mittellosen Durchschnittsbürger nachhaltig zu verteuern?

Nein. Im großen und ganzen wird man auch dem Fonds nicht vorwerfen können, die bewährten Maßnahmen zur Humanisierung der Ernährungslage verschlafen oder aus falschen Rücksichten unterlassen zu haben.

Verlagerung der Souveränität

Es stellt sich allerdings die Frage, ob sich die westlichen Banken – und allen voran der IWF – damit zufriedengeben dürfen, nur etwa 40 souveränen Staaten die Politik vorzuschreiben. Das ist nicht einmal ein Viertel aller Staaten der Erde, aber ich schätze, das Weltwirtschaftssystem ist stark genug, diesen Anteil in den nächsten Jahren zu verdoppeln.

Flexibilität

Dabei ist jedoch darauf zu achten, daß die Schraube nicht überdreht wird. Von den Bankmanagern wird ein Höchstmaß an Sensibilität in bezug auf die eigene Kapitalpotenz erwartet werden müssen. Andererseits dürfen sie nicht so weit gehen, daß in den unter Bankenobhut stehenden Ländern nennenswerte Unruhen oder revoltenartige Bewegungen aufkommen, die unsern Gesamtplan zur Ausrottung des Hungers durchkreuzen könnten.

Diskretion und Information

Wenn wir nach möglichen Fehlern und Irritationen forschen, so können wir den Banken einen Vorwurf nicht ersparen. Von Natur aus diskret und den Bankgeheimnissen verpflichtet, haben sie es versäumt, der weniger informierten Bevölkerung einige Befürchtungen zu nehmen. Angesichts der Schuldenberge bangt so mancher brave Anleger um die Solidität seiner Bank und wähnt sie vielleicht in Krisennähe.

Rückflüsse

Deshalb ist es dringend erforderlich, deutlicher auf zwei Dinge hinzuweisen. Erstens gelingt es den Großbanken immer noch, jährlich rund 100 Milliarden Dollar aus den Schuldnerländern herauszuholen. Zweitens fließen gewaltige Milliardensummen aus den überschuldeten Ländern als Fluchtgelder wieder zurück, da vor allem Geschäftsleute und Politiker für den Fall von Umstürzen oder Staatsbankerotts auf diskreten Kanälen ihre Konten in den USA und Europa auffüllen. Dadurch gewinnen unsere Banken wieder enorm an Liquidität – und auch der Nebeneffekt der Belebung der Wachstumspolitik des Hungers in den betreffenden Ländern soll nicht unterschlagen werden.

Hier also ist Aufklärung vonnöten, um Panik zu vermeiden und der Entstehung von Frustrationsgefühlen, die zum Anwachsen von Feindbildern führen, den Boden zu entziehen.

Konzerne und Großhändler

Drittens stellt sich nun die Frage, ob die multinationalen Agrarkonzerne und Handelsgesellschaften – die häßliche Abkürzung »Multi« werden Sie in meinem Vokabular nicht finden – immer mit genügend Weitsicht und Erfahrung auf ihrem Sektor gearbeitet haben und ob sie für die Wünsche von uns Verbrauchern hinreichend sensibel sind. Diese Konzerne haben eine Schlüsselrolle inne. Denn sie sind es, die letzten Endes garantieren, daß unsere Politik in den hungerrelevanten Gebieten einen fruchtbaren Boden findet.

Einsatzfreude

Ich habe mich intensiv um diesen Bereich gekümmert, aber ich konnte keine nennenswerten Fehlleistungen ausmachen. Unterschiede in der Einsatzfreude sind zwischen nordamerikanischen und europäischen Konzernen nicht festzustellen. Die Märkte zu steuern, Knappheiten zu regulieren, die Reserven der Billiglohnländer voll auszuschöpfen, die Waren aus den Hungergebieten in die Supermärkte Westeuropas, der USA, Japans usw. zu schaffen – all das scheint den Firmen ohne Schwierigkeiten zu gelingen. Nüchtern betrachtet ist das auch nicht weiter verwunderlich. Denn die gewünschten Effekte im Sinn unserer Hungerpolitik ergeben sich wie von selbst, wenn die verantwortlichen Manager nur das Selbstverständliche tun und der Erwirtschaftung von Gewinnen nachgehen.

Gefahr des Laisser-faire

Hier sehe ich allerdings eine Gefahr. Da die Gewinnbildung fast wie von selbst und in so großartiger Weise vonstatten geht – die transnationalen Unternehmungen erhalten für jeden in den armen Ländern investierten Dollar summa summarum zwei Dollar zurück –, könnte ein gewisses Laisser-faire einreißen. Die Tatsache, daß die Dritte Welt uns massive Wirtschaftshilfe leistet, darf auf keinen Fall zu nachlassendem Elan führen und die Erstürmung neuer Bastionen bremsen.

Ein Ziel zum Beispiel sollte es sein, in möglichst vielen Ländern einen möglichst großen Anteil der Nahrungsmittelproduktion zu kontrollieren. Hier könnte wieder einmal Mexiko als leuchtendes Vorbild gelten, dessen Lebensmittelproduktion bereits zu über 90% den multinationalen Gesellschaften anvertraut ist.

Eine Reihe von Leuten betrachtet mit großem Mißtrauen die Preisgestaltung für die wichtigsten Weltmarktprodukte. Auch dieses Mißtrauen besteht zu unrecht. Denn wo immer der Markt es zuließ, haben die Großhändler Preisverfälle für Agrarwaren und Rohstoffe im Sinn einer weitsichtigen Hungerpolitik durchgesetzt.

flexible Preisgestaltung

Mit dem Faustpfand der flexiblen Preisgestaltung einerseits und unserer Nachfragemacht andererseits sollte es auch weiterhin keine Schwierigkeiten geben, den ärmeren Ländern immer weniger für ihre dürftigen Exporte zu zahlen, so daß selbst die übermenschlichsten Anstrengungen sie niemals auf einen grünen Zweig kommen ließen. Selbst wenn für die uns angebotenen Nahrungsmittel und Rohstoffe über Jahre hinweg mehr oder minder die gleichen Preise zu zahlen wären, so haben wir mit der kontinuierlichen Verteuerung der Waren, die diese Länder von uns kaufen, immer noch den längeren Hebel in der Hand. Solange sich die Tauschverhältnisse für uns immer weiter verbessern, arbeitet auch auf diesem Gebiet alles wie von selbst auf die richtige Hungerpolitik zu.

Grüne Revolution

Sehr angreifbar dagegen scheint die sogenannten Grüne Revolution zu sein, an der die Großfirmen maßgeblich beteiligt sind. Denn mit eigens gezüchtetem Saatgut wurden vor allem in tropischen Gebieten besonders ertragreiche Ernten erzielt – und das kann unter Umständen unseren vorwärtsweisenden Anstrengungen entschieden zuwiderlaufen. Mit großem publizistischem Aufwand wird immer mal wieder auf die gewaltige Steigerung von Erträgen verwiesen, und ich bin sicher, daß deshalb schon so mancher Mitbürger an der Weisheit der Regierenden gezweifelt hat. Doch die Erhöhung der Erträge – das muß zur Beruhigung der Zweifler gesagt werden – kann gleichzeitig im Sinne unseres Programms wirken. Weil die neuen Anpflanzungen ungewöhnlich viel Dünger, Wasser und Schädlingsbekämpfungsmittel und jedes Jahr neues Saatgut, also Kapital, also Kredite erfordern, können immer mehr der armen, kreditunwürdigen Bauern von ihrer mühseligen Arbeit befreit werden. In anderen Gegenden der Welt kündigen die Landbesitzer – einmal an den Gedanken großer Gewinne gewöhnt – ihren Pächtern und Halbpächtern, um ihr Land mit Traktoren und Maschinen selbst zu bestellen. Die Folgen dürften jedem mißtrauischen Mitbürger inzwischen klar sein: Da die so erzeugten teuren Lebensmittel in den betreffenden Ländern nur zum Teil kaufkräftige Abnehmer finden, können die Handelsgesellschaften sie in unseren Marktbereich weiterleiten, während immer mehr ehemalige Bauern die Hungerstatistiken nachhaltig verbessern.

Arbeitserleichterung

Da andererseits das Arbeitsplatzangebot durch Transport und Vertrieb der höheren Erträge wächst, können sich die hungerpolitischen Vorteile und Nachteile durchaus die Waage halten. Das sollte nicht vordergründig kritisiert werden. Denn auch hier kommen oft globalpolitische Überlegungen ins Spiel. Wie die kompetentesten Fachleute wissen, ist die Politik der Abschaffung des Hungers nicht in jedem Lande auf Teufel-komm-raus durchzu-

Reservate erforderlich

führen – es gibt Gebiete genug, die eine gewisse wirtschaftliche Stärke haben müssen. Bei aller Humanisierungspolitik darf nicht vergessen werden, auch in hungerrelevanten Ländern Reservate für Menschen zu erhalten oder zu schaffen. Denn mittel- und langfristig brauchen wir indische Mathematiker, afrikanische Langstreckenläufer, schwindelfreie indianische Hochbaumonteure und viele andere Spezialisten. Schließlich ist zur Erhaltung und Kultivierung der Landschaft einheimisches, ethnisch stimmiges Personal erforderlich – schon deshalb muß in bestimmten Gebieten besonders sensibel verfahren werden.

einheimisches Personal

Befreiung der Bauern

Wer hinsichtlich der Grünen Revolution dennoch skeptisch bleibt, wird spätestens dann überzeugt sein, wenn mit Hilfe der phantastischen Möglichkeiten der Biotechnologie die Nahrungsmittelproduktion völlig den Konzernen überlassen werden kann. Schon morgen ist es soweit, daß mit Genmanipulationen die Erträge marktrelevanter Pflanzen verdoppelt, verfünffacht, verzehnfacht werden. Schon übermorgen wird die Landwirtschaft durchindustrialisiert und von den kommerziellen Interessen der transnationalen Konzerne getragen sein – und Hunderte von Millionen Bauern werden von der jahrtausendelangen Fron ihrer Vorväter befreit sein.

Politiker

Wo etwas nicht funktioniert, wo Irritationen und Unruhen in unserem öffentlichen Leben entstehen, suchen wir die Schuld gern bei Politikern. Haben unsere Politiker versagt? Haben sie genug Energie darein gelegt, die verschiedenen Initiativen der Wirtschaft und der Verbraucher zu bündeln und zu verstärken? Könnten sie verantwortlich sein für die emotionalen Schwankungen in der Bevölkerung?

Diese Fragen müssen in aller Offenheit gestellt und ohne Rücksicht auf das Ansehen der Parteien und Personen beantwortet werden.

ohne Rücksicht

Man wird den Politikern so manche schweren Unterlassungen ankreiden, aber man kann nicht sagen, sie hätten versäumt, den Abstand zwischen den reichen und den armen Ländern zu vergrößern.

Versäumnisse?

Sie haben ebenfalls dafür Sorge getragen, daß alle Hilfen – von Nahrungsmittelhilfen bis zu international finanzierten Entwicklungsprogrammen – nicht einem einzigen Land zu einer auch nur relativ unabhängigen und lebensfähigen Volkswirtschaft verholfen haben.

Und unter Tausenden von Projekten, die unsere Politiker mit staatlichen Subventionen gefördert haben, wird man kaum eines finden, bei dem die Bedürfnisse der Projektnehmer für dringlicher eingestuft wurden als die Bedürfnisse unserer Industrie.

Oder ist man im hungerpolitischen Einsatz der Überschüsse auf dem Weltmarkt zu defensiv gewesen? Nein, denn speziell unseren EG-Politikern ist es gelungen, mit Schafskäse aus Kuhmilch den entsprechenden Markt im Nahen Osten zu übernehmen, mit europäischem Milchpulver den indischen Milchmarkt zu erobern und mit europäischen Fleischüberschüssen in so manchem afrikanischen Land die gesamte Fleischbranche in heilsame Turbulenzen zu versetzen – nicht selten mit wohltuenden Effekten für den Export von Kühl- und Industrieanlagen.

Schafskäse aus Kuhmilch

Hat man z. B. mit einer flexiblen Zollpolitik gesichert, daß die Erzeuger der Agrarprodukte

Zollpolitik

so wenig wie möglich an der lukrativen Verarbeitung ihrer Produkte teilhaben? Ja – denn man ließ die Einfuhrzölle steigen mit dem Grad der Verarbeitung des Produkts, so daß Zölle auf Fertigprodukte z. T. um ein Fünffaches höher liegen als Zölle auf Rohstoffe. Dadurch werden die Arbeitsplätze bei uns erhalten und zweitens sorgt man bis heute mit schöner Systematik dafür, daß der Export verarbeiteter Produkte für die armen Länder unattraktiv bleibt und sie weder Gelegenheit erhalten, nennenswerte Teile ihrer Bevölkerung in Arbeit und Brot zu bringen, noch den Schuldenberg abzutragen. Die Gefahr möglicher Selbständigkeit bleibt im Kern erstickt.

Kooperation durch Schranken

Es macht die Anbieterländer noch kooperativer, wenn man sie hin und wieder der Erfahrung aussetzt, auf ihren Produkten sitzenzubleiben – auch das war und ist für gute Politiker ein Kinderspiel. So wurden im Bereich nicht-agrarischer Produkte die Entwicklungsländer immer wieder aufgefordert, Waren für den europäischen Markt herzustellen. Sobald diese Produzenten wettbewerbsfähig waren und ihre Schuhe, Textilien oder Geschenkartikel in Richtung Europa einschifften, konnten unsere gewieften politischen Köpfe die Zölle erhöhen bzw. Importquoten vermindern und das gewiß überflüssige Zeug von unseren Märkten fernhalten.

In ähnlicher Weise haben gerade unsere Politiker dafür gesorgt, daß zum Beispiel Brasilien mehrere Stahlwerke geliefert wurden – und als die Brasilianer ihren billigen Stahl nach Europa exportieren wollten, um aus den Erlösen ihre Schulden abzutragen, wurden flugs Importbeschränkungen durchgesetzt. Damit saß dieses stolze Land auf seinem billigen Stahl – und seinen teuren Schulden.

teure Schulden

Dies ist nur eins von vielen Beispielen. Sie alle belegen das enorme Verdienst der Politiker, die Neue Hungerpolitik richtig abzurunden, zu ergänzen und zu vertiefen.

Eliten als Partner

Den größten Unsicherheitsfaktor stellen, zumindest nach der landläufigen Meinung, die regierenden Schichten in den hungerrelevanten Ländern dar. Den Brüsseler Formeln zum Erfolg zu verhelfen, ist bekanntlich nicht allein Sache der Verbraucher der Industrieländer und der wirtschaftspolitischen Experten. Ohne die Mitarbeit der Führungsschichten in den betreffenden Ländern stünde unser ganzes Programm auf tönernen Füßen. Hier liegt nach wie vor der eigentlich neuralgische Punkt. Deshalb ist es durchaus verständlich, wenn viele unserer Mitbürger skeptisch sind angesichts der Frage, ob diese unsere Partner mitspielen, ob sie effektiv genug mitspielen, kurz: ob auf sie Verlaß ist.

ohne europäische Arroganz

Nun, es ist auch hier wieder angebracht, unsere europäische bzw. westliche Arroganz abzulegen und den entsprechenden Leistungen der nationalen Führungskräfte den gebührenden Respekt zu zollen. Die Politiker und Beamten, die Militärs und Grundbesitzer in den meisten Ländern der armen Welt wissen durchaus, wie im eigenen Interesse und im Allgemeininteresse zu verfahren ist. Wir sollten uns daher zunächst einmal hüten, von unserer dynamischen Mentalität her die staatsmännische Weisheit zu unterschätzen, die in der Tätigkeit liegt, die Verhältnisse so zu belassen, wie sie sind.

staatsmännische Weisheit

Wir dürfen nach wie vor die meisten der führenden Afrikaner, Asiaten und Lateinamerikaner als Verbündete betrachten. Denn wir können einigermaßen sicher sein, daß die meisten Regierungen wenig oder nichts tun, um die Zustände, die uns auf den ersten Blick chaotisch erscheinen mögen, in eine sogenannte Ordnung zu bringen, die unsere Maßnahmen zur Ausrottung des Hungers erschweren würden. Was wir leichtfertig als Mißwirtschaft, Verschwendung, Korruption sehen, ist in der Praxis geradezu ein Segen – in subjektiver wie in objektiver Hinsicht. Ohne Korruption könnten die Beamten zum Beispiel ihre Großfamilien gar nicht ernähren. Ohne die sogenannte Verschwendung wären die zur Bildung eines Nationalbewußtseins erforderlichen Repräsentationen gar nicht möglich. Solange die sogenannte Mißwirtschaft wenigstens den Grundbesitzern, Geldverleihern und Beamten den Wohlstand mehrt, brauchen wir um die Durchschlagskraft unserer Politik keine ernsthaften Befürchtungen zu hegen.

Segen der Korruption

Außerdem sind die chaotischen Zustände in jenen Ländern der beste Nährboden für den Glauben an westliche, an »weiße« Lösungen aller Probleme. Da die östlichen bzw. sozialistischen Konzepte und Modelle fast durchweg versagt und jede Attraktivität verloren haben, richten sich die großen und die kleinen Hoffnungen immer eindeutiger auf die westlichen Länder, auf unsere Angebote und Produkte. West is best – diese Weltformel erleichtert unsere Arbeit ungemein.

West is best

Vertrauenswürdigkeit?

Aber besteht nicht die Gefahr, so fragt man häufig bei uns, daß die nationalen Führungskräfte doch auf der Seite ihrer Landsleute stehen? Daß diese uns so fremden Menschen irrationale Gründe haben, hinter unserem Rücken gegen uns tätig zu werden? Können wir uns wirklich auf sie verlassen?

Solange sie daran mitarbeiten, die jahrhundertealten kollektiven Lebensformen, die Gewohnheiten von zwanghafter Solidarität und Gemeinschaft aufzuheben, die Menschen schrittweise zu individualisieren und damit der Willensfreiheit zuzuführen, sehe ich keine Gefahr. Es besteht kein Grund zur Sorge, solange die nationalen Führungskräfte, sei es mit oder ohne Druck der Weltbank, nur niedrige Erzeugerpreise für die heimisch produzierten Lebensmittel zulassen, die landwirtschaftliche Produktion unrentabel machen und die Ausbreitung des Brachlands in den hungerrelevanten Gebieten gewährleisten. Denn vor die Frage gestellt, den Rückhalt bei den Städtern oder bei der Landbevölkerung zu suchen, wird jede Regierung, die bei Verstand ist, zuerst die Interessen der städtischen Bevölkerung fördern – Grundlage dafür sind niedrige Lebensmittelpreise. Solange die Bauern also frei gehalten werden von der Motivation, Bauern zu sein, sehe ich keinen Grund, an der Zuverlässigkeit unserer Partner im Süden zu zweifeln.

Brot und Toleranz

Faktor Rüstung

Man sollte in unseren Breiten auch mehr Verständnis aufbringen für die Rüstungsausgaben jener Staaten. Man stelle sich nur einmal vor, wenn die Rüstung fortfiele und ein erheblicher Teil der Staatsausgaben für Gesundheitsstationen, Wasserleitungen und Schulen auf dem Lande freigegeben würde und das Leben in den Dörfern plötzlich attraktiver wäre! Das müßte unweigerlich eine Erhöhung der Nahrungsmittelproduktion, Vergrößerung der Bevölkerung sowie eine Verlangsamung der Hungerpolitik bei gleichzeitiger Zunahme der Betroffenen nach sich ziehen!

Weltbank und IWF wissen schon, warum sie bei ihren Schuldnern auf Kürzung der Sozialausgaben und nicht auf Kürzung der Rüstungsausgaben bestehen. Eine solide militärische Ausstattung, natürlich nur mit Waffen kleinerer Reichweite, ist der beste Garant dafür, daß die Kreditmöglichkeiten für Bauern limitiert, die Märkte überschaubar und die Transportbedingungen eingeschränkt bleiben. So kann im Gegenzug die Auslandshilfe kräftig ausgebaut werden, die nicht zuletzt die partnerschaftlichen Regierungen stabilisiert und ihnen den Weg zu törichten Reformen erspart.

Reformen töricht

Nun gibt es immer noch einzelne Länder, deren Führungsschichten nicht willig oder nicht fähig sind, mit uns in der Hungerfrage an einem Strang zu ziehen.

Nun, heutzutage brauchen selbst sozialistische Experimente niemanden zu beunruhigen – denn die haben häufig ganz erstaunliche Fortschritte in der Hungerpolitik zur Folge. Ich wüßte nicht, wo auf unserm Erdball nicht mit den Brüsseler Formeln zu disponieren wäre. Wo noch nicht genug getan ist, werden wir im Vertrauen auf unsere Überlegenheiten zum gewünschten Ziel kommen. Man denke nur daran, was es langfristig bedeutet, daß die wohlhabenderen Schichten der Dritten Welt in so kurzer Zeit ihre Konsumgewohnheiten an uns orientiert haben. Selbst beim Essen streben nun immer weitere Kreise auf unser Niveau. Weißbrot, Nescafé und Cola sind mächtigere Vorreiter und Werbeträger, als wir im alten Europa uns träumen lassen! Auch wenn

neue Konsumgewohnheiten

es vielen Möchtegern-Wohltätern nicht paßt: Je ärmer die Unterernährten sind, desto eher geben sie einen unverhältnismäßig großen Anteil ihrer Mittel für ein bißchen Luxus aus – und wenn es gefärbtes, gezuckertes Wasser mit hohem Imagewert ist – und nicht für das, was sie für ihre Ernährung brauchten. Allein die phantastischen Wachstumsraten für hochveredelte Produkte wie Süßigkeiten, Bier, Limonade, Crackers usw. schaffen täglich neue Verbündete.

Luxus muß sein

Selbst die störrischsten Regierungen werden die Industrialisierung und Verwestlichung der armen Welt nicht bremsen und den Siegeszug der Humanisierung des Hungers nicht aufhalten können. Wenn nämlich all diese friedlichen Mittel zur Einstimmung auf den Hunger nicht ausreichend greifen, stehen immer noch genügend Möglichkeiten zur Verfügung, die Lebensbedingungen leicht steuernd zu verändern, um zu dem gewünschten Gesamteffekt zu kommen.

Sieg der Humanisierung

Damit, hochverehrter Herr Präsident, kann diese kurze, kritische Zwischenbilanz der Neuen Hungerpolitik abgeschlossen werden. Das Ergebnis ist eindeutig, aber beruhigend:

Summa

1. Alle wirtschaftlich und politisch Verantwortlichen in West und Ost, in Süd und Nord arbeiten mit am Programm »Hunger schaffen ohne Waffen«.

2. Die Brüsseler Formeln sind allgemein anerkannt.

3. Nennenswerte Fehler oder Reibungspunkte, die unsere Bevölkerung irritieren und zu Haßausbrüchen führen könnten, sind nicht zu entdecken.

VI.

subjektiver Faktor

Die Emotionen gegen die Gemüseesser, das glaube ich hinreichend bewiesen zu haben, können von der wirtschaftspolitischen Praxis also nicht hergeleitet werden. Um den Kern der Sache zu ergründen und das lästige Problem der Feindschaft zwischen einzelnen Bevölkerungsgruppen aus der Welt zu schaffen, sollten wir uns nicht scheuen, nun den eher subjektiven Bereich zu untersuchen. Wenn das Objektive, das Wirtschaftsgefüge schon keinen Grund für Klagen und Irritationen liefert, dann muß es erlaubt sein, einen Blick auf die Psyche unserer Verbraucher zu werfen. Bei der Suche nach den Gründen für die latente Unzufriedenheit im Lande darf es keine Tabus geben. Seien Sie unbesorgt, Herr Präsident, ich werde diesen Aspekt nicht überstrapazieren, aber einige wenige Seiten im Rahmen dieser Denkschrift sollte uns das Thema schon wert sein.

Unbehagen an der Freiheit?

Es ist gewiß nicht hundertprozentig auszuschließen, daß einige Mitbürger bei unserer Wachstumspolitik des Hungers nicht nur auf die Statistiken, auf das Funktionieren der marktwirtschaftlichen Ordnung und auf einen hungerintensiven Konsum achten, sondern dann und wann von einem Widerwillen erfaßt werden. Möglicherweise verstehen sie das freiheitliche Element unseres Programms nicht gut genug und bilden sich ein, unter einem gewissen gesellschaftlichen Druck zu stehen und gegen ihren Willen Opfer bringen zu müssen. Vielleicht haben sie mit einiger Mühe ihren Schlankheitsfanatismus und ihre Frühjahrsdiätgewohnheiten abgelegt und das schlechte Gewissen beim Schokoladenverzehr abgebaut – und fühlen dennoch ein inneres Unbehagen. Oder sie denken beim Essen zu sehr an die Unterernährten, und es gelingt ihnen nur schwer, sich eines ungestörten Appetits zu erfreuen.

Ungeduld?

Könnte es sein, daß einige Fleischesser – oder andere Bürger – zuweilen verunsichert werden von der Art und Weise, wie die Unterernährten dem Vollzug der Brüsseler Formeln nachkommen? Zwar habe ich noch nie jemanden klagen oder es als Nachteil bezeichnen hören, daß ein Hungernder nicht so einfach verhungere, indem er kurzerhand tot umfalle. Aber es sollte zumindest einmal in Erwägung gezogen werden, daß es manchem, der seinen Blick über den Tellerrand lenkt, lieber wäre, wenn der Prozeß des Hungerns abgekürzt werden könnte.

Aufklärung über menschliche Natur

Müssen wir für diese Ungeduld, die, das sei zugegeben, möglicherweise aus Resten jener Regung gespeist wird, die früher einmal Mitleid genannt wurde, Verständnis haben? Verständnis ist gut, aber Aufklärung ist besser. Die menschliche Natur läßt sich nun einmal nicht auf den Kopf stellen. Der Tod läßt sich nicht zwingen. Darum müssen wir diesen unseren Mitbürgern helfen, Geduld zu entwickeln und auch die Effekte schätzen zu lernen, die nicht oder nicht so rasch zum Hungertod führen.

Folgen der Fehlernährung

Jeder aufgeklärte Zeitgenosse sollte deshalb ein wenig über die Folgen der Unterernährung und Fehlernährung wissen. Die Betroffenen, so müßte erläutert werden, sind z. B. körperlich weniger entwickelt und geistig weniger rege als die, die genug zu essen haben. Was ergibt sich daraus? Einmal verfügen sie über weniger Widerstandskraft gegenüber Krankheiten und sind viel anfälliger für Parasiten, von denen es in den armen Ländern nur so wimmelt. Infektionskrankheiten, Vitaminmangelkrankheiten und Eiweißmangelkrankheiten sowie die bei uns als harmlos geltenden Kinderkrankheiten sind es, die letztlich die Leiden der Betroffenen wieder abkürzen.

Behinderungen

Außerdem wären die Ungeduldigen daran zu erinnern, daß die Unterernährung bei Hunderten von Millionen Menschen die volle Entfaltung ihrer Erbanlagen verhindert. Da in der Regel zuerst der Mann, dann die Kinder zur vorhandenen Nahrung greifen, sind es die Frauen, die am meisten opfern. Kinder, die während der letzten Wochen im Mutterleib und während der ersten Monate nach der Geburt nicht genug Eiweißstoffe und Kalorien erhalten, tragen bleibende geistige Schäden davon. Denn ihre Hirnzellen, die in dieser Phase auf Vermehrung eingestellt sind, können dieses Programm aus Nahrungsmangel nicht erfüllen. Selbst die Kinder, die durch irgendeinen Fehler im System später gut ernährt werden, können diese Schädigung niemals wieder ausgleichen. Diese Menschen mit ihren extrem niedrigen Intelligenzquotienten bleiben behindert in allen ihren Fähigkeiten und geben ihre Behinderungen an ihre Kinder weiter. Sie verdämmern ihr Leben apathisch und sind wegen des Hungers, wegen der Krankheiten und geschädigter Erbanlagen nicht imstande, für sich und ihre Familie etwas Nennenswertes zu tun.

Wir sollten niemanden leichtfertig verachten, der hier die Frage aufwirft, ob all dies in Kauf genommen werden müsse, um zum gewünschten Ziel einer endgültigen Ausrottung des Hungers zu gelangen, und ob unsere Politik noch human genannt werden darf.

Herz und Verstand

Aber es sollte auch mit aller Entschiedenheit geantwortet werden: Wer noch ein Herz hat, wird gewiß jedes einzelne Menschenschicksal bedauern, so gut es bei diesen Millionenzahlen möglich ist. Aber wer außerdem noch einen gesunden Menschenverstand hat, muß sich auch fragen lassen, ob es nicht besser ist, der ganzen Menschheit ein wirksames Rezept auszustellen als einzelnen Patienten. Und tun wir nicht alles, daß dieses globale Rezept so schnell und so schmerzlos wie möglich zur Wirkung gelangt?

globales Rezept

Schließlich sind in diesen Krankheiten nicht unbedingt nur Nachteile zu sehen. Ausgehungerte und apathische Menschen sind beispielsweise kaum in der Lage, für die Veränderung und Verbesserung ihrer Lebensumstände aktiv zu werden. Sie machen Reformen oder revolutionäre Umwälzungen unwahrscheinlich, die unsere wirtschaftliche Stabilität gefährden und damit eine grundlegende, für alle Beteiligten befriedigende Lösung unmöglich machen könnten.

Eigenverantwortung

Und was den Aspekt der Humanität anlangt: Es gibt kein humaneres Prinzip als das Prinzip der Eigenverantwortung. Niemand von uns hindert auch nur einen einzigen Unterernährten, sich aus freiem Willen von seinen widrigen Umständen zu befreien und an anderer Stelle sein Glück zu suchen. Wer aber in seinen zugegeben widrigen Lebensumständen verharrt, der ist gewiß nicht frei von eigenverantwortlichen Einsichten. Diesen Betroffenen kann ein

Leben unter den gegebenen Umständen gewiß nicht besonders attraktiv erscheinen. Andererseits sind sie so einsichtig, keine großen Illusionen über eventuelle Verbesserungen zu hegen. Erfreulicherweise stehen nun immer wieder Priester bereit, – ob römisch-katholische, lutherische, islamische, hinduistische oder andere –, die diese Politik weitestgehend unterstützen. Durch das Versprechen himmlischen Glücks wecken sie den Wunsch, schnell ins

Wege ins Paradies

Paradies zu kommen, und dämpfen die Motivation zum weiteren Leben. Auch wenn nicht alle Priester hier mitspielen, kann doch insgesamt von einer humanen Abrundung unserer Hungerpolitik gesprochen werden, die sich damit auch harmonisch in die neue Blütezeit der Religionen einfügt.

So ernst dieser ganze Komplex zu nehmen ist, so dürfte er doch kaum der entscheidende Grund für die Unzufriedenheit bei uns im Lande sein. Dazu ist die Zahl der Mitbürger, die sich mit diesen, wie ich zugeben muß, etwas abseitigen Fragen belasten, viel zu klein.

Die latente Unzufriedenheit, die im wachsenden Zorn gegen unsere Gemüseesser gipfelt, kann demnach nur solche Gründe haben, die uns alle betreffen. Nachdem alle anderen möglichen Ursachen nun geprüft und ausgeschlossen sind, bleibt nur noch eine gravierende Überlegung, der wir uns zu stellen haben.

noch nicht über den Berg

Ich denke, hochverehrter Herr Präsident, in uns allen steckt mehr oder minder die Angst, noch nicht genug getan zu haben. Obwohl die Neue Hungerpolitik in allen Schichten Rückhalt findet, obwohl jede gesellschaftliche Gruppe sich aktiv daran beteiligt, obwohl die

Kritik der veröffentlichten Meinung weitgehend verstummt ist, scheinen viele Menschen zu spüren, daß wir noch nicht über den Berg sind. Auch ich muß zugeben, ich teile diesen Eindruck.

Apokalypse?

Allerdings sollten wir uns nicht von den Alpträumen der eher konservativ Denkenden in Panik versetzen lassen. Allzu gern sehen sie die Grenzen zwischen menschlicher und unmenschlicher Existenz an vielen Stellen der Welt immer fließender werden, fragen nach der Sprengkraft, die die in Ballungsgebieten eines Tages ausbrechenden menschlichen Vulkane haben werden, und malen das Gespenst von Millionen Menschen an die Wand, die in die reicheren Länder einfluten werden. Dieses Bild wird dann mit der Apokalypse einer in Flammen aufgehenden Welt verbunden, in der verarmte, hungernde und erbitterte Menschen ihrer Wut in wilden Zerstörungsakten Luft machen.

Mit solchen Ängsten im Kopf macht man keine Politik, erst recht keine humane Politik. Auch wenn wir diese Entwicklung viel weniger dramatisch sehen, die unvorstellbare Zahl jener vielen hundert Millionen Menschen kann keinen einsichtigen Europäer völlig gleichgültig lassen. Diese Sorgen – manche Mitbürger sprechen sie aus, manche schweigen in sich hinein, manche machen sich durch Angriffe auf die Gemüseesser Luft – dürfen uns keinesfalls zu panischen Reaktionen verleiten. Nur Nüchternheit, Vertrauen auf unsere Stärke und rationales Handeln können der humanen Hungerpolitik zum endgültigen Durchbruch verhelfen.

Nüchternheit

Um den Ernst der Lage und die Größenordnung des Problems zu erfassen, müssen wir einen Augenblick auf die Zahlen schauen.

Blick auf die Zahlen

Fast 5 Milliarden Menschen sind es, die heute die Erde bevölkern. Wenn wir die etwa 1 Milliarde Chinesen und die etwa 400 Millionen Menschen abziehen, die dem westlichen Einfluß teilweise entzogen sind, bleiben etwa 3,6 Milliarden. Von diesen dürften zur Zeit knapp 2 Milliarden zu den in mehr oder weniger aussichtsloser Armut Lebenden gerechnet werden, die entweder obdachlos sind oder unter gefährlicher Mangelernährung leiden oder keinen Zugang zu sauberem Trinkwasser sowie zur Gesundheitsfürsorge haben oder von allen diesen Erscheinungen in gleicher Weise betroffen sind bzw. in nächster Zukunft sein werden.

Wer mit wem?

Diesen 2 Milliarden stehen nun etwa 700 Millionen Nordamerikaner, Japaner und Westeuropäer (zu denen ich selbstverständlich die Nord- und Südeuropäer rechne) gegenüber. Zu unseren Gunsten einmal vorausgesetzt, daß die Mittelgruppe der hinreichend Ernährten – die übrige Milliarde – neutral bleibt, dann muß das Verhältnis zwischen Reich und Arm derzeit auf 1:2,85 geschätzt werden (dabei ordne ich die Armen der reichen Länder vorerst unter »reich« ein und die Reichen der armen Länder unter »arm«, da sich diese Zahlen global gesehen in etwa ausgleichen dürften und wir hier nur das Verhältnis zu untersuchen haben).

In vierzig, fünfzig Jahren jedoch wird, wenn wir die Hungerpolitik nicht konsequent erweitern und die Weltbevölkerung sich potenziert hat, das Verhältnis auf 1:8 oder noch höher gestiegen sein.

Die Brüsseler Formeln helfen uns, diese bedrohliche Relation zu meistern. Sie verlangen alles zu mobilisieren, um so kurzfristig wie möglich unter den ärmsten Erdbewohnern die Quote derer zu erhöhen, die schnell vom Hunger erlöst werden können, damit sie sich mittelfristig nicht weiter vermehren und langfristig samt dem Hunger, dieser Geißel der Menschheit, verschwinden. Dank dieser Formeln ist es gelungen, die Zahl der Menschen, die jährlich dem Hunger und der Unterernährung anheimfallen, laut Auskunft unserer Statistiker auf 50 Millionen zu bringen.

Anwendung der Formeln

Das ist zwar eine gewaltige, aber statistisch im Verhältnis zu den dafür in Frage kommenden 2 Milliarden keine allzu beeindruckende Zahl – nämlich nur ein Vierzigstel. Wenn wir zum Beispiel auf einen jährlichen Schnitt von 200 Millionen kämen, dann wäre in zehn Jahren der Hunger vom Erdboden verschwunden – natürlich nur rein rechnerisch, denn im Lauf der zehn Jahre wird es immer noch zu einigen Millionen Geburten kommen, werden einige Millionen von der verbleibenden Nahrung hinreichend satt werden usw. Mit solch einer Rechnung will ich selbstverständlich nur einen Fingerzeig geben, in welche Richtung die Verantwortung von uns reicheren Weltbewohnern zu zielen hat.

die Rechnung ist einfach

Eine effektive Hungerpolitik darf jedoch niemals Ausrottungspolitik sein – davon müßte ich mich sofort aufs heftigste distanzieren. Es muß alles unter das Prinzip der Freiwilligkeit, der Eigenverantwortung und des freien Handels gestellt bleiben. Außerdem wäre es moralisch verwerflich und töricht zugleich, jene 2 Milliarden Problemfälle auf Null reduzieren zu wollen. Erstens, weil unter diesen immer noch etliche als Arbeitskräfte und Sportler, als Er-

keine Ausrottung

nährer und Spezialisten, als Landschaftspfleger und Liebespartner gebraucht werden. Zweitens, weil es unter kulturellen und ethnologischen Gesichtspunkten unverantwortlich wäre, ganze Völkerstämme aussterben zu lassen. Jede menschliche Spezies muß erhalten bleiben, nicht nur um ihrer selbst willen. Wenn künftige klimatische Veränderungen neue physische Anpassungen von uns fordern, brauchen wir z. B. genügend Spender für einen entsprechenden Gen-Pool. Und drittens ist gerade nach der barbarischen Ausrottungspolitik während der braunen Jahre auch der leiseste Verdacht einer vergleichbaren Praxis heute unbedingt zu vermeiden.

10-Jahres-Plan

Wie auch immer: Auf jeden von uns kommen 2,85 Personen aus dem Dispositionsbereich der Brüsseler Formeln – und es liegt an uns, ob es mehr oder ob es weniger werden.

Von unserer numerischen Unterlegenheit braucht sich jedoch niemand einschüchtern zu lassen. Wenn wir uns jenen schon angepeilten Zehn-Jahres-Zeitraum vornehmen, hätten wir 700 Millionen dazu beizutragen, daß pro Jahr lediglich 200 Millionen vom Hunger erlöst werden können – im Verhältnis lägen wir dann mit 3,5:1 in Front. So käme jährlich auf jeden von uns nur ein knappes Drittel Mensch von der anderen Seite. Das ist ein Ziel, das niemanden überfordern würde und das nur 10 Jahre lang konsequent verfolgt werden müßte, bis das Hungerproblem ein für allemal gelöst ist.

realistische Ziele

Wenn wir diese konkreten Zahlen ins Auge fassen und der Bevölkerung realistische Zielvorgaben bieten, dann wird der schleichenden Angst, nicht genug für die Ausrottung des Hungers zu tun, der Boden entzogen. Damit wird endlich das aggressive Klima verschwinden, das sich heute gegen die Gemüseesser richtet. Um die endgültige Wende zum Guten zu erreichen, kommt es jetzt einzig und allein darauf an, unsere Aktivitäten zu verstärken, zu verdoppeln und zu vervierfachen. In diesem Sinne habe ich einige Verbesserungsvorschläge entwickelt, die ich Ihnen und allen, die guten Willens sind, sogleich unterbreiten werde.

Wende zum Guten

VII.

Zuvor muß allerdings gefragt werden, ob die Neue Hungerpolitik wirklich die einzige und wirklich die beste Lösung für die anstehenden Problempakete darstellt. Gewaltiger Handlungsbedarf weckt in einer gesunden Gesellschaft nun einmal die Kreativität, nach vielfältigen Antworten zu suchen. Die Fairneß gebietet, diese Vorschläge kurz darzustellen. Selbst wenn sie einen völlig inhumanen Charakter tragen und von ewig gestrigen Weltverbesserern stammen, will ich ihre Vorteile und Nachteile abwägen und ihre mögliche Effizienz im Vergleich mit der Hungerpolitik prüfen.

gibt es Alternativen

gesellschaftliche Kreativität

1. Kriege zwischen ärmeren Staaten, sagt mancher, seien immer noch ein probates Mittel zur Dezimierung der Hungernden (und nicht zuletzt notwendig als Testfelder für unsere Rüstungsindustrien).

Kriege?

Abzustreiten ist das nicht, aber Kriege wirken immer nur begrenzt, und das Risiko, daß sie sich ungewollt zu großen Konflikten ausweiten, ist nicht immer auszuschließen. Vor allem aber vermag ich den Krieg beim besten

Willen nicht als ein humanes Mittel zur Lösung unseres Problems zu betrachten – da ich den letzten Weltkrieg als einfacher Soldat mitgemacht habe, weiß ich, wovon ich spreche.

Katastrophen?

2. Hin und wieder wird vorgeschlagen, in allen hungerrelevanten Gebieten Naturkatastrophen zu stimulieren, Überschwemmungen oder Dürren je nach den lokalen Gegebenheiten. Ich zweifle nicht, daß das möglich wäre – Beispiele kennen wir ja genug. Aber dieses Mittel grenzt ebenfalls an Gewalt, ist in der Praxis zu egalitär und deshalb auch ethisch nicht zu vertreten.

Umweltzerstörungen?

3. Auch die Berechnung, durch das Abholzen der Wälder (zunehmender Brennholzbedarf) versiege die natürliche Energiequelle und dränge viele Menschen mehr oder minder automatisch in das Stadium der Fehl- und Unterernährung usw., will mir nicht recht gefallen. Ich meine, man kann nicht alles dem Selbstlauf der Natur überlassen. Denn die Auswirkungen auf den globalen Wasserhaushalt, die schweren Bodenerosionen und die Ausbreitung der Wüsten können langfristig nicht in unserem Interesse liegen. Wie man heute weiß, wirken sich solche Umweltzerstörungen nicht nur lokal aus, sondern tragen die Gefahr in sich, auch in unseren Ländern das ökologische Gleichgewicht weiter zu zerstören und die entsprechenden Folgewirkungen zu zeitigen. Ich jedenfalls möchte mein schönes Fichtelgebirge nicht aufgeben nur um des fragwürdigen Effekts willen, weite afrikanische Landstriche entwurzelt zu sehen.

Empfängnisverhütung?

4. Für viele Leute ist die Empfängnisverhütung immer noch die ultima ratio der Bevölkerungspolitik. Nun mögen die Anstrengungen in

diese Richtung da und dort zu kleineren Erfolgen geführt haben, doch als durchschlagendes Mittel zur Bekämpfung und Beseitigung des Hungers wird man dieses im Ernst nicht bezeichnen können. Materiell wie personell aufwendige Überzeugungsarbeit sowie die Ungewißheit, wie weit die angeblich Überzeugten sich wirklich an die notwendigen Normen halten, werden die von oben geplante Empfängnisverhütung in den volkreichsten Ländern der Dritten Welt nie zu einem zuverlässigen Instrument werden lassen.

Papst pro Hungerpolitik

Das humane Argument hierzu hat bereits der Heilige Vater ausgesprochen: Alle Maßnahmen, die die Freiheit der Eheleute hinsichtlich der Zahl ihrer Kinder einschränken, sind eine schwere Beleidigung der Menschenwürde. Das Wertbewußtsein des Papstes, die Gefahr des Hungers und des Hungertodes geringer zu achten als die Gefahr der sexuellen Freizügigkeit, trägt zur Versachlichung der Bevölkerungsdebatte bei – und indirekt erhält unsere marktwirtschaftliche Hungerpolitik damit sogar ex cathedra ein höchstes Prädikat für praktische Nächstenliebe.

chemische Lösungen?

5. Einige Leute dagegen finden Gefallen an chemischen Problemlösungen. Sie werden bestärkt durch die Versenkung von Giftmüll vor den Küsten der armen Länder oder die lokkende Ansiedlung von Slumbewohnern im Schatten der großen Chemiewerke und Erdölraffinerien. Seit die chemische Industrie ihre Produktion immer mehr in jene Länder verlagert, in denen sie sicherheitstechnisch weniger kontrolliert wird und ihre hochgiftigen Abfälle leichter abladen kann, und seit die US-Firmen von der Kennzeichnungspflicht gefährlicher

Stoffe befreit sind, sofern diese in die Dritte Welt exportiert werden, wächst den bevölkerungspolitischen Nebeneffekten der Chemie (über 10 000 Chemietote und eine halbe Million Schwervergiftungsfälle jährlich) ein immer größeres Wohlwollen zu. Eine weitere Dimension sehen manche im verstärkten Einsatz von Unkraut- und Schädlingsbekämpfungsmitteln, der nicht selten Scharen von Landarbeitern zeugungsunfähig macht und andere individuelle Veränderungen herbeiführt.

Auch hier muß ich sowohl vor den inhumanen Implikationen als auch vor falschen Erwartungen warnen. Gewiß bin ich als leidenschaftlicher Europäer nicht dagegen, möglichst viel von dem, was in der Chemie mit Gift zu tun hat, sei es in Produktion, Nutzung und Restverwertung, südwärts zu verlagern. Aber die Vergiftung hat in diesen Ländern nicht zuletzt wegen der liberalen Vorschriften-Lage bereits ein solches Ausmaß erreicht, daß man hier nicht bedenkenlos draufsatteln sollte. Da die Giftstoffe beispielsweise sehr intensiv beim Anbau der Exportprodukte verwendet werden, die dann auf unseren Tischen und Tellern und letztlich in unseren Organismen landen, muß ich hier rechtzeitig vor den Grenzen des chemischen Wachstums warnen.

medizinische Lösungen?

6. Großes Vertrauen schlägt neuerdings der Pharmaindustrie entgegen, und manche meinen, sie halte das Ei des Kolumbus in den Händen. Ihre Leistungen sind nicht zu bestreiten (Export von Risikomedikamenten, beschränkte Information über Nebenwirkungen, geduldete Fehlverschreibungen, verarmungsfördernde Preispolitik). Die Frage nach der Humanität will ich hier gar nicht aufwerfen,

da ich entschieden daran zweifle, daß die Welt mit Medikamenten zu verändern ist. Da diese Mittel ja kaum kostenlos verabreicht werden können, sondern eine gewisse Kaufkraft voraussetzen, scheidet diese Methode schon aus diesem Grund für einen flächendeckenden Einsatz vorläufig aus.

Menschen- und Organ-Importe?

7. Wieder andere schlagen vor, Menschen – bevor sie ins zeugungsfähige Alter kommen – aus den armen Ländern in unsere Breiten zu importieren. Auch der verstärkte Handel mit einzelnen menschlichen Organen und Blut und Plasma könne ein Mittel zur Reduzierung von Bevölkerungsüberhang sein. Diesen Anregungen vermag ich nicht zu widersprechen. Im Gegenteil, Organe und Blut anderer ethnischer Gruppierungen sollten uns stets willkommen sein – denn besser könnten wir unsere antirassistische Grundeinstellung nicht beweisen. Aber als Allheilmittel taugen diese Importe naturgemäß nicht.

Insekten, Alkohol, Tourismus?

8. Schließlich gibt es Leute, die sich viel davon versprechen, durch Einschleppen von Insekten in bestimmten hungerrelevanten Gebieten die wenigen Vorräte noch mehr dezimieren zu lassen. Andere meinen, daß im Zustand des Wassers der Schlüssel für die Zukunft liege, manche bauen auf das Stimulans Alkohol oder sehen eine Chance in der Redressierung der Gesundheitsversorgung in den dafür geeigneten Gebieten. Ich kenne auch Leute, die sich von der Förderung der Bestechlichkeit und der Korruption eine positive Radikalisierung der Hungerfrage erhoffen, und wieder andere, die im gleichen Sinne auf den zunehmenden Ferntourismus bauen.

Es würde den Rahmen der Ausführungen

sprengen, diese Ideen im einzelnen zu begutachten. Das scheint mir allerdings auch unnötig, da sie, selbst wenn sie praktikabel sind, immer nur partiell zu nennenswerten Wirkungen führen könnten. Außerdem haftet ihnen ein gewisser manipulativer Zug an, den ich als Verfechter einer humanen Politik und überzeugter Freihändler nicht recht dulden mag.

Geschlechtssteuerung?

9. Allenfalls der Vorschlag meines Freundes Taylor bleibt im humanen Rahmen und könnte sinnvolle globale Effekte hervorrufen: Er wünscht die Entdeckung einer geschlechtsbestimmenden Empfängnissteuerung, mit der wesentlich mehr männliche als weibliche Kinder geboren werden. Denn Menschen in urtümlichen Verhältnissen, so Taylor, ziehen fast überall Söhne den Töchtern vor, und deshalb wird diese Methode schnell akzeptiert werden. Bei einer erheblichen Verminderung der Mädchen und Frauen und wegen der natürlichen Begrenzung ihrer Gebärfähigkeit könnte die Weltbevölkerung bereits in fünfzehn oder zwanzig Jahren rapide zu sinken beginnen.

Solange dieses Patentrezept aber ein Traum bleibt, müssen wir uns an die gegebenen Realitäten halten.

kein Konzept

Sie werden gewiß mit mir übereinstimmen, Herr Präsident: Selbst die hartnäckigsten Verfechter dieser verschiedenen Methoden werden, wenn sie ihre Ideen an der Realität der Neuen Hungerpolitik messen, zugeben müssen, daß sie nur an Symptomen herumkurieren. Ein festes, durchgreifendes und dennoch freiheitliches Konzept steckt in all diesen Vorschlägen nicht. Ich will nicht ausschließen, daß sie da und dort als Ergänzung nützlich sein können, aber mehr auch nicht. Realistische Zielsetzungen wie der oben erwähnte Zehn-Jahres-Plan wären mit all diesen Methoden illusorisch.

kein Vergnügen

Im übrigen bringen sie – und das stört mich, offen gesagt, am meisten – uns einfachen Bürgern weder Genuß noch Vorteile und regen niemanden an, sich persönlich um das Schicksal der Benachteiligten zu kümmern. Sie sind noch vom Geist des Pessimismus bestimmt. In ihrem konsumneutralen oder gar konsumfeindlichen Unterton drückt sich für mich eine gehörige Portion Menschenverachtung aus, und schon deshalb möchte ich an dieser Stelle keinen weiteren Gedanken darauf verschwenden.

VIII.

Hungerpolitik ohne Alternative

Zur Neuen Hungerpolitik, das leidet nun keinen Zweifel mehr, gibt es keine Alternative, auch heute nicht. Nur mit ihr wird der Hunger effektiv ausgehungert. Nur mit ihr wird gleichzeitig die freie Marktwirtschaft und eine aktive Friedenspolitik gefördert. Nur sie hilft die Nahrungsmittelqualität zu verbessern und die Umweltzerstörung zu bremsen. Und sie schlägt, nicht nur symbolisch, eine Brücke von Mensch zu Mensch.

nicht unfehlbar

Allerdings würde ich nie behaupten, die Neue Hungerpolitik sei unfehlbar und schaffe alle Probleme der Menschheit aus der Welt. Was in unseren Köpfen erdacht, in unseren Kalkulationen errechnet, in unserem Handel und Wandel erkämpft wird, das muß, selbst bei einer nahezu perfekten Methode, nicht in hundert

Prozent aller Fälle einschlagen. Nicht immer wird es gelingen, diese Politik reibungslos zu exportieren, nicht immer können wir alle Faktoren gleichzeitig optimieren, nicht immer werden alle an einem Strang ziehen. Wenn aber die humane Substanz dieser Politik all unsere Lebensbereiche durchdringt und wenn mit Geduld und Konsequenz und in Gemeinsamkeit der Demokraten an ihr gearbeitet wird, braucht niemandem um unsere Zukunft bange zu sein.

Gemeinsamkeit der Demokraten

Die latente Unzufriedenheit im Lande, die sich in den alarmierenden Attacken gegen die Gemüseesser Luft macht, resultiert, wie ich eindeutig nachgewiesen habe, aus dem Wunsch nach einem stärkeren Engagement. Unsere Bevölkerung will und kann mehr tun als bisher und möchte ihre Bereitschaft zur tätigen Hilfe gern und immer wieder unter Beweis stellen. Hier besteht der eigentliche Handlungsbedarf. Diese Bereitschaft gilt es aufzugreifen und zum Anlaß für eine neue Kampagne zur Mobilisierung der Verbraucher zu nehmen. Es gilt, eine jährliche Soll-Zahl anzupeilen – mein Vorschlag wäre 200 Millionen – und damit in zehn Jahren den endgültigen Sieg der Neuen Hungerpolitik sicherzustellen. Sind dafür erst einmal die nötigen Anreize geschaffen, werden von vielen Seiten Verbesserungsvorschläge kommen.

Handlungsbedarf

Erlauben Sie mir, hochverehrter Herr Präsident, daß ich einen Anfang mache. Ich bin nicht so überheblich zu meinen, als idealistischer Einzelner eine Kampagne auf eigene Faust starten und durchführen zu können. Das würde ohnehin nur in einem Dilettantismus enden, den ich verabscheue. Die gemeinsame

neue Anreize

große Sache verlangt von jedem von uns Bescheidenheit und Verzicht auf Profilierungssucht – auch von einem pensionierten EG-Beamten. Ehe ich mich wieder in meinen verdienten Ruhestand zurückziehe, möchte ich Ihnen und allen zuständigen und einsichtigen Menschen, die nach der Lektüre dieser Denkschrift, dessen bin ich gewiß, zur Tat schreiten werden, folgende Anregungen mit auf den Weg geben.

Stiftung

1. Wir brauchen ein schlagkräftiges und hochkarätiges Gremium, am besten eine Stiftung, in der Wirtschaft, Politik, Verbraucherverbände, Fernsehdirektoren und die Leiter anderer Medien sowie die besten PR-Manager zusammenarbeiten. Die Stiftung hat die neue Kampagne zur Mobilisierung der Verbraucher und aller anderen Marktteilnehmer zu initiieren und zu steuern. Sie hat die bisherigen Aktivitäten für die Ausrottung des Hungers, die weitgehend im Selbstlauf und unsystematisch stattfanden, zu überprüfen und zu effektivieren. Sie hat Verbesserungsvorschläge zu entwickeln oder aufzugreifen und ins allgemeine Bewußtsein zu transponieren. Die konkrete Arbeit der Emotionalisierung und Mobilisierung müssen die Werbeprofis aus den besten Agenturen in die Hand nehmen. Es muß vor allem schnell, unbürokratisch und in internationaler Kooperation gehandelt werden, denn wir haben keine Zeit zu verlieren.

2. Wir brauchen eine neue Offensive von unten. Es müssen vor allem die kritischen jungen Leute gewonnen werden. Sie verfügen zumeist über gute Informationen über die von ihnen sogenannte Dritte Welt, zeigen Bereitschaft zu hohem Engagement und setzen sich stets für

alternative Konsumenten

menschenwürdiges Leben ein. Als alternative Konsumenten bringen sie nicht nur eine beträchtliche Kaufkraft mit, sondern sind auch in jeder Beziehung weltoffen zu nennen. Da sie jeden ökologischen Gedanken begeistert aufgreifen, müßten sie auch von unserem globalökologischen Konzept leicht zu überzeugen sein. Sie könnten daraus eine wirkliche Basisinitiative mit einer durchaus relevanten Massenwirksamkeit machen. Deshalb sollte alles, was in diese Richtung geht, von der Stiftung oder staatlicherseits großzügig gefördert werden (z. B. Stellenvergabe, auch mit ABM-Mitteln). Mit solch einer Belebung der Hungerpolitik könnte zugleich die Einigkeit der Gesamtverbraucherschaft wiederhergestellt werden.

Produktlisten

3. Wir brauchen mehr Transparenz. Der bisher überwiegend spekulativ hungerbewußte Verbrauch hat zwar, wie wir gesehen haben, schon zu vielen stolzen Erfolgen geführt, aber das wird für die Bewältigung der Zukunftsaufgaben nicht ausreichen. Deshalb ist ein wissenschaftlich gesichertes und doch von Gefühl und Verantwortung getriebenes Kaufverhalten anzustreben. Verschiedene Teams von Ökonomen, Ökologen, Ärzten und Sozialwissenschaftlern sollen Produktlisten ausarbeiten, die den Anteil jeder einzelnen Ware oder Warengruppe an der Verarmung der Bevölkerung ihrer Herkunftsländer verzeichnet. Die Formeln dafür werden nicht immer leicht zu ermitteln sein, weil nicht immer präzise erfaßt werden kann, ob sich beispielsweise der Gewinn eines lokalen Großhändlers von Kakao ausnahmsweise einmal hungerpolitisch ungünstig für die Bevölkerung der betreffenden

Region auswirkt. In solchen Fällen dürfen sich die Wissenschaftler nicht scheuen, entweder an Ort und Stelle Informationen einzuholen oder sie von Experten zu beschaffen. Die alte Regel: Die Fakten müssen stimmen! gilt hier in ganz besonderem Maße.

Gütesiegel

4. Wir brauchen motivierende Kennzeichnungsverordnungen. Alle Hersteller bzw. Importeure, Vertriebs- und Abfüllgesellschaften usw. haben die von den Wissenschaftlern ermittelten und auf den Produktlisten verzeichneten Werte deutlich sichtbar auf den Waren anzugeben. Besonders verarmungsintensive Waren sind mit entsprechenden Gütesiegeln zu kennzeichnen. Die Einzelhandelsgeschäfte müßten auch in ihrer Werbung diese Hinweise unterstreichen – ähnlich wie sie bereits mit den günstigen Urteilen der Stiftung Warentest operieren. Auch auf Speisekarten sollten jene Werte vermerkt sein – man wird sich daran so schnell gewöhnen wie man sich an die Angaben über Konservierungsstoffe gewöhnt hat.

Rohstoffanteile

Für Gebrauchsgüter, die einen nennenswerten Anteil an Rohstoffen aus ärmeren Ländern enthalten, sind ebenfalls präzise Hinweise erforderlich. Der Verbraucher will beraten sein, ob dieses oder jenes Gerät besser als langlebig einzustufen ist oder ob es der richtigen Hungerpolitik dient, wenn das betreffende Produkt rasch verschlissen und durch ein neues ersetzt wird.

5. Wir brauchen neue Impulse zur Emotionalisierung. Von all den Informationen, Hinweisen, Gütesiegeln usw. dürfen die Verbraucher auf keinen Fall überfordert oder gar abgeschreckt werden. Wir alle wünschen Verbrau-

freudig und freiwillig

cher, die ihre Kaufentscheidung freudig und freiwillig aufgrund ihrer persönlichen Bedürfnisse treffen. Sie sollen unsere Hinweise immer als Einladung verstehen, sie müssen sie stimulieren und optimistisch stimmen.

Im Zuge der Kampagne darf es durchaus zu einer Neubewertung des Schönheitsideals, das nicht mehr allein auf die Schlankheit fixiert wäre, und zur Entfaltung einer liberaleren Mode kommen. Es wäre schon ein Erfolg, wenn die Diät- und Fasten-Welle gänzlich zum Erliegen käme und die Diskriminierung der Dicken ein Ende nähme. All dies darf aber nicht zu neuem Zwang, zu neuen Diskriminierungen führen – es muß unseren freien Bürgerinnen und Bürgern selbst überlassen bleiben, ob sie ihre Pfunde wieder abtrainieren oder nicht. Es soll und wird ein Vergnügen bleiben, sich an der Ausrottung des Hungers zu beteiligen.

keine neuen Diskriminierungen

Dennoch wird man mit immer neuen Impulsen und Anregungen an die Konsumentenschaft herantreten müssen, um immer neue Mobilisierungsschübe auszulösen. Jeder, der auf dem Gebiet der Kommunikation Rang und Namen hat, wird aufgefordert sein, zur Förderung eines günstigen Motivationsklimas mit Fernsehshows, Wohltätigkeitsveranstaltungen, Gala- und Popkonzerten usw. beizutragen. Alle diese Kommunikationsprofis und Werbeleute sowie die Damen und Herren von der Stiftung werden gewiß bessere Ideen haben als ein alter EG-Beamter. Aber da ich gerade bei diesem Punkt bin, will ich meine bescheidenen Anregungen hier wenigstens festgehalten wissen – denn wer weiß, ob meine Gesundheit mir noch einmal Gelegenheit dazu gibt.

ein persönlicher Beitrag

6. Wir brauchen eine permanente Olympiade der Ideen zur völligen Ausrottung des Hungers. Hier mein ganz persönlicher Beitrag:

Anknüpfend an die allgemeine Begeisterung für das Guiness-Buch der Rekorde und den Ehrgeiz, dort vertreten zu sein, könnte man Wettbewerbe organisieren, bei denen starke Esser gegeneinander antreten. Sieger wird nicht, wer die größten Mengen oder meisten Kalorien verdrückt. Sieger wird, wer – entsprechend den wissenschaftlichen Kriterien – als erster so viel verzehrt hat, daß mit einem Hungernden weniger mehr gerechnet werden kann. Auch wenn dieser nur ein statistisches Durchschnittswesen ist, so kann zum Beispiel durch die Aufstellung von Klappfiguren, die im Erlösungsfall umkippen, dem Bedürfnis nach lebendiger Veranschaulichung durchaus entsprochen werden. Solche Wettbewerbe könnten, in Einzel- und Mannschaftswertung, auf regionaler, nationaler und internationaler Ebene stattfinden und wären nicht auf Nahrungsmittel zu beschränken, sondern auf möglichst viele andere Rohstoffe auszuweiten.

Rekordlust

Wettbewerbe

Für die bei solchen Attraktionen eher zurückhaltenden Mittel- und Oberschichten wären andere, aber ähnlich wirksame Anreize zu entwickeln. Beispielsweise könnte das Thema Hunger jeder größeren Party neue Akzente verleihen, wenn es nur einmal chic geworden ist, daß jeder Gast mit erlesenem Fleisch, Fisch, Gemüse usw. zumindest ein Körperteil verzehrt, das von den Dekorateuren der kalten Buffets mehr oder minder plastisch darzustellen wäre. Im Zuge des Neuen Hedonismus wird es hier ohnehin keine Tabus mehr geben. In diesem Zusammenhang könnte auch an Sti-

Party-Attraktionen

pendien für Künstler der sogenannten Eat-art gedacht werden.

Auch für Restaurantbesucher wären neue Reize zu entwickeln. Es könnten zusätzlich spezielle Restaurants mit besonders hungerintensiven Angeboten eingerichtet werden (evtl. mit staatlichen Krediten), die sich je nachdem mit einem, zwei oder drei Hunger-Sternen schmücken dürften. Ohnehin ist zu erwarten, daß die Brüsseler Formeln auch in der Koch-Ausbildung Schule machen werden und die Mode der Nouvelle Cuisine abgelöst wird von einer Cuisine Bruxelloise, die Scharen von Gästen zu neuen, reichhaltigen Eßerlebnissen anlocken wird.

Cuisine Bruxelloise

Der wachsende Markt der alternativen Küche sollte ebenfalls mit besonderen Attraktionen stimuliert werden. Die Gemüseesser sollen sich überall gleichberechtigt solidarisch fühlen dürfen an allen Plätzen, wo gegessen wird, bis hin zur letzten Parlaments-Kantine. Dem Müsli, den Öko-Menüs, der Vollwertkost usw. sind bei allen hungerpolitischen Wettbewerben Chancengleichheit einzuräumen.

Prominente

Prominente aller Länder könnten ihr spezielles Rezept aufschreiben und in einem Buch sammeln lassen. Solch ein Prominenten-Kochbuch voll ausgesuchtester Spezialitäten könnte auf originelle Weise die Hobbyköche von der Vielfalt der Brüsseler Küche überzeugen.

Selbstverständlich braucht man eine regelmäßige Fernsehsendung, deren Redakteure alle nennenswerten Aktivitäten zu sammeln und mit neuen Anregungen ans Publikum weiterzugeben hätten.

7. Wir brauchen internationale Patenschaften. Nach dem Muster der europäischen

Städte-Partnerschaften könnte jedem Landkreis und jeder kreisfreien Stadt eine bestimmte Region zum Beispiel in Indonesien, Ghana oder Brasilien zugeteilt werden. Die hiesigen Partner hätten alle hungerrelevanten Daten über ihre dortigen Partner einzuholen, Planziele zu setzen und die Konsumenten zu motivieren, den Ist-Stand in einem bestimmten Zeitraum verdoppeln, verdreifachen oder vervierfachen zu helfen. Entsprechend den Erfahrungen mit dem Wettbewerb »Unser Dorf soll schöner werden« wird auch hier das Konkurrenzprinzip und die Ausgabe von Prämien durch eine neutrale Begutachtungskommission die Bevölkerung der Landkreise und der Städte anspornen und zu einer allgemein günstigen gemeinschaftsfördernden Entwicklung beitragen.

Partnerschaften

8. Wir brauchen die Mitarbeit der Tourismus-Branche. Der Hunger sollte bevorzugt in solchen Gegenden ausgerottet werden, die mit besonderen Schönheiten aufwarten und von uns gut als touristische Objekte genutzt werden können. Man denke an wunderbare Städte wie Kairo oder Bombay, an die prächtigen Landschaften in Südamerika und Afrika, die derzeit übervölkert und daher dem normalen Touristen ein Greuel sind. Erst eine gewisse Leere würde sowohl die Schönheiten als auch die Kulturgüter wieder anschaulich erstrahlen lassen und unseren Touristen neue Horizonte öffnen, die sie an den betonierten Mittelmeer-Stränden wahrlich nicht mehr finden.

neue Horizonte

9. Wir brauchen soziale Ausgewogenheit. Den durchschlagenden Erfolg wird die Mobilisierungs-Kampagne nur dann haben, wenn sie sich nicht nur an die Gutverdienenden wendet.

Leider verfügt nicht jedermann über genügend Kaufkraft, die zuweilen teuren Importprodukte zu erwerben, viel Fleisch und erlesenes Gemüse zu kaufen. Die Zahl derer, die mit sehr knappen Einkünften leben müssen, wird immer größer – und nichts wäre kurzsichtiger, als diese breiter werdenden Randgruppen auszugrenzen und damit vielleicht sogar das ganze Konzept zu gefährden.

Randgruppen einbinden

Deshalb schlage ich vor, allen Bedürftigen – Rentnern, Arbeitslosen, Sozialhilfeempfängern, Studenten usw. – Berechtigungsscheine zum Einkauf besonders hungerintensiver Waren auszugeben. Bargeldzahlungen oder Erhöhungen der staatlichen Zuwendungen wären dagegen wegen der bekannten Mißbrauchsgefahren nicht zu empfehlen. Die Berechtigungsscheine könnten ohne zusätzliche Strapazierung des Staatshaushalts finanziert werden, wenn das Geld dafür, wie es der Logik entspräche, dem Etat des Ministeriums für wirtschaftliche Zusammenarbeit entnommen wird. Ich hätte übrigens nichts dagegen, auch unsere Asylanten in den Genuß dieser Gutscheine kommen zu lassen.

Berechtigungsscheine

Haustiere

Für Haustiere, speziell für Hunde und Katzen, sind analoge Anreize zur Erhöhung des Fleisch- und Fischverbrauchs zu erarbeiten. Nicht abseits stehen sollen die Haustiere der Arbeitslosen, Rentner und Studenten, auch für sie sind Berechtigungsscheine auszustellen.

10. <u>Wir brauchen mehr Konsumenten.</u> Beim Nullwachstum der Bevölkerung in den Industriestaaten und der gleichzeitigen Notwendigkeit eines hohen Konsumwachstums kann es in absehbarer Zeit zu einer gefährlichen Schere kommen. Alle zeugungsfähigen Bewohnerin-

nen und Bewohner unserer Industrieländer können vielleicht mit dem zusätzlichen Argument zu verstärkten Anstrengungen in dieser Richtung motiviert werden, daß jeder ihrer Sprößlinge rund das 30fache an Energie und Rohstoffen verbrauchen wird als beispielsweise ein kleiner Afrikaner. Zusätzlich ist jedoch schon jetzt der verstärkte Import von Menschen zu empfehlen. So ist die Adoption von Kleinkindern, möglichst weiblichen Geschlechts, aus den ärmeren Ländern zu fördern, ebenso die Zuwanderung von Prostituierten, weiblichem Hauspersonal usw. Auch die Abwerbung von Ärzten sollte einmal unter diesem Gesichtspunkt betrachtet werden. Außerdem wäre es für alle Seiten von Vorteil, das Fachpersonal für die Reinigungs- und anderen gefährlichen Arbeiten in Kernkraftwerken, Entsorgungsanlagen usw. möglichst aus bestimmten strahlenresistenten Völkern zu rekrutieren.

demographische Aspekte

Menschenimport

11. Wir brauchen eine weitsichtige Ostpolitik. Mehr und mehr ist auch der Ostblock in unser Konzept mit einzubeziehen – trotz seiner relativ beschränkten Möglichkeiten (Devisenmangel usw.). Die Verantwortlichen in der Sowjetunion dürfen sich nicht mit der gelegentlichen Förderung von Friedensbrüchen, mit ihren Fischfangflotten und mit ihren phantastisch kontraproduktiven Kolchosen in Äthiopien zufriedengeben. Sie müssen begreifen, daß die Neue Hungerpolitik auch in ihrem Sinne ist. Wenn sie das nicht begreifen wollen, gibt es nur eins: den Ostblock durch Kredite und Importe von Nahrungsmitteln, Holz und anderen Rohstoffen noch stärker zu beeinflussen. Was da im einzelnen und wie es zu geschehen

Verantwortung der Zweiten Welt

hätte, das will ich gern dem Sachverstand unserer Wirtschaftsexperten und dem Fingerspitzengefühl unserer besten Diplomaten überlassen.

12. Wir brauchen ein Kontrastprogramm. Unsere Konsumenten wollen nicht und dürfen nicht gegängelt werden. Damit niemals auch nur der Hauch eines Eindrucks von Zwang oder kollektivistischem Druck wach wird, sollten wir uns die Freiheit nehmen, einen Tag im Jahr, vielleicht sogar einen Tag im Monat als Kontrasttag zu begehen. Dem allgemeinen Engagement könnte es sogar dienlich sein, an diesem Tag Spenden für die Hungernden zu sammeln (mit denen dann die Nahrungsmittelhilfeprogramme finanziert werden könnten). An einem solchen Tag könnte in den Reden für die Hungernden geredet, in den Kirchen für sie gebetet, in den Konzertsälen für sie gesungen und musiziert, in den Spielhallen für sie gespielt, in den Büros für sie telefoniert, in den Bäckereien für sie kleine Brötchen gebacken, in den Medien und öffentlichen Verkehrsmitteln für sie geworben werden. Vor allem sollten aber die Restaurants und Kantinen ihre Menüs dem Mahl der Armen in brüderlich-solidarischer Weise anpassen und statt Steaks, Poularden und Hackfleisch an diesem Tag zum Beispiel Hirsebrei, Fladenbrot und Wasser anbieten.

ein Tag der Entlastung

Fladenbrot und Hirsebrei

Ich halte das, obwohl es auf den ersten Blick völlig absurd erscheinen mag, für durchaus realisierbar. Ich bin sogar sicher, solche Tage der Besinnung wird die Mehrheit der Bevölkerung gern annehmen und mittragen, nicht nur aus gesundheitlichen Gründen. Solche Beweise menschlicher Anteilnahme und Opferbereitschaft werden jedem guttun, sie entlasten und entschlacken. An solchen Tagen wird die Dankbarkeit wachsen, auf der richtigen Seite zu stehen und sich doch für die andere engagieren zu dürfen. Nach solchen Tagen wird uns das »Freut euch des Lebens!« wieder mit größerer Inbrunst über die Lippen gehen. Nach solchen Tagen werden wir wieder erlebnisfähiger und erlebnishungriger sein und uns um so eifriger auf unsere Arbeiten und die oben skizzierten Aufgaben stürzen.

ein letzter Einwand

Gegen diese zwölf Verbesserungs-, Erweiterungs- und Mobilisierungsvorschläge wird es, dessen bin ich mir wohl bewußt, nur einen einzigen grundsätzlichen Einwand geben. Aber dieser wird mit der größten Leidenschaft vorgebracht und diskutiert werden. Sollte diese Denkschrift – oder die eben genannten Anregungen – einmal veröffentlicht werden, was ich mir von Herzen wünsche, so werden gewiß etliche Leute aufschreien und die schärfsten Vorwürfe gegen den Verfasser erheben. Man wird sich darüber erregen, daß solche Gedanken überhaupt gedacht werden, daß sie aufgeschrieben, gedruckt und verbreitet werden dürfen. Es wird empörte Leserbriefe, bittere Polemiken und haßerfüllte Besprechungen hageln. Alles wird in der Frage gipfeln, ob dem Verfasser überhaupt irgendwelche humanen Regungen eigen seien. Kurz, man wird mir bei jeder Gelegenheit vorhalten, wie ich es wagen könne, den Menschen das gigantische Opfer zuzumuten, nur dieses Phänomens Hunger wegen sich noch mehr mit Fleisch, Fetten, Kohlehydraten und nahrungsimmanenten Giftstof-

Menschenverachtung?

fen zu füllen und den Grad der Überernährung noch weiter in die Höhe zu schrauben!

Darauf kann ich schon jetzt in aller Gelassenheit antworten:

Keine Völlerei!

Erstens rede ich weder der Völlerei noch einem besinnungslosen Konsumrausch das Wort, sondern empfehle die sorgfältige Wahl hochwertiger, hungerintensiver Speisen und Produkte. Zweitens soll jeder kaufen und verbrauchen, was ihm gefällt – kein demokratischer Staat wird seinen Bürgern das Huhn aus dem Topf wegreglementieren oder in denselben hineinbefehlen.

Zeichen der Solidarität

Und drittens: Je mehr unsere Bevölkerung sich der – freilich ernährungswissenschaftlich und hungerpolitisch abgestimmten – Überernährung verschreibt, desto größer ist der volkswirtschaftliche Gesamtnutzen, desto rascher steigt das Bruttosozialprodukt, desto erfolgreicher wird die Hungerpolitik sein, desto besser geht es uns allen. Und dafür sollten wir bereit sein, einen geringen Preis zu zahlen und am Ende unseres Lebens auf das eine oder andere mühevolle Greisenjahr zu verzichten, was schließlich auch ein Beweis der Solidarität wäre mit denen, die um das Wohl der Menschheit willen schon früher darauf verzichten.

IX.

Eine letzte Überlegung, hochverehrter Herr Präsident, möchte ich den Menschen widmen, die mir bis hierher gefolgt sind und trotz meiner vielfältigen und sorgsam abgewogenen Argumente von der Notwendigkeit und der Humanität unseres globalökologischen Konzepts immer noch nicht hundertprozentig überzeugt sind. Ich möchte diesen Ungläubigen, seien sie konservative Konsumgegner oder grüne Fundamentalisten, nur drei Hinweise geben.

was tun mit den Zweiflern?

Sie mögen auf die Straße gehen und die Leute befragen, ob sie von morgen an mit einer radikalen Senkung ihres Lebensstandards einverstanden wären. Wer danach noch nicht überzeugt ist, der mag eine beliebige Bank, eine Regierungsstelle oder ein multinationales Unternehmen anrufen und fragen, ob man von morgen oder übermorgen an die Art der Tätigkeit in den Hungerländern zu verändern gedenke. Die Antworten werden gewiß die allerletzten Zweifel ausräumen. Die wenigen, die immer noch nichts begreifen wollen, die sollen sich mit den von unserer Stiftung bezahlten Reisestipendien in jene Länder begeben. Dort mögen sie ganz fundamentalistisch die von den Brüsseler Formeln zu erfassenden Einwohner befragen, ob sie es heute nicht für ein großes Glück halten würden, wenn ihnen durch eine effektivere Hungerpolitik ihr Leben verkürzt worden wäre, so daß ihnen das ewige Einerlei des Elends erspart geblieben wäre, das sie bisher durchgemacht haben infolge der Unterdrückung durch die Grundbesitzer und Händler, infolge der Mißachtung durch ihre Staatsführer, der Knebel der großen und kleinen Kreditgeber und des Mangels an den alltäglichsten Dingen, ohne Haus und Kleider, ohne Linderung von Krankheiten und Schmerzen, ohne zureichende Ernährung und in der unvermeidlichen Aussicht, ihrer Nachkommenschaft auf immer das gleiche oder noch größeres Elend zu vererben.

drei einfache Fragen

X.

in eigener Sache

Zum Schluß versichere ich Ihnen, hochverehrter Herr Präsident, und allen, die es wissen wollen, daß ich nicht das geringste persönliche Interesse verfolge, wenn ich, statt auf die Gemüseesser einzuschlagen, zur Mobilisierung aller Kräfte aufrufe. Ich habe nichts weiter im Auge als das öffentliche Wohl von einigen Milliarden Menschen. Ich will unsere freiheitliche Gesellschaft fördern, den Handel beleben, den Frieden sichern, die Umweltzerstörung bremsen, die Nahrungsmittelqualität verbessern, die Völker aufeinander zugehen lassen, den Armen Erleichterung verschaffen und den Reichen ein wenig Vergnügen gönnen. (Ich selbst kann an diesen leiblichen Genüssen wegen einer Magenkrankheit nur äußerst beschränkt teilhaben – seit kurzem ist mir auch der Fleischgenuß verwehrt.) Ich besitze, auch das muß zum Beweis meiner Objektivität gesagt werden, keine Aktien von Nahrungsmittelfirmen, keine entsprechenden Beraterverträge und bin mit keinem Gemüsehändler verwandt oder verschwägert.

Nachwort

Die vorliegende Denkschrift habe ich am 21. März 1985 in einem Abteil der 1. Klasse im Intercity »Drachenfels« kurz hinter Würzburg gefunden. Eben umgestiegen, auf dem Weg zu einer Lesung in Erlangen, und erleichtert über das leere Abteil, griff ich wie gewöhnlich zu der auf der Hutablage liegenden Tageszeitung und hielt mit der Zeitung plötzlich ein ganzes Typoskript in der Hand. Neugierig auf alles Geschriebene und verlockt vom Stempel VERTRAULICH!, blätterte ich zuerst darin herum und las es dann von vorn bis hinten in einem Zug – fast hätte ich vergessen, in Nürnberg umzusteigen. Trotz der zuweilen betulichen Beamtensprache war ich fasziniert und von Minute zu Minute überzeugter, ein außerordentliches Zeitdokument in Händen zu halten.

Allerdings war es nur eine Kopie – und die Kopie trug kein Deckblatt. Es fehlte also jeder Hinweis auf den Verfasser und den Titel, auf eventuelle Adressaten und Auftraggeber. Auch das auf Seite 16 erwähnte Anschreiben lag nicht bei.

Was solch ein Fund für einen Schriftsteller und Verfechter freier Kritik und Diskussion bedeutet, ist klar: Er wünscht, hin- und hergerissen zwischen Ungeduld und Sorgfaltspflicht, die Auseinandersetzung – mit dem Verfasser, mit dem Publikum.

Aber wer ist der Verfasser? Der Text lieferte nur zwei Hinweise: Wunsiedel und pensionierter EG-Beamter. Also fuhr ich ins Fichtelgebirge und versuchte einen solchen Pensionär ausfindig zu machen, vergeblich. Dreimal ließ ich eine Anzeige ins Lokalblatt rücken, in der ich den Verfasser einer Denkschrift suchte. Es meldete sich nur ein schriftstellernder Privatlehrer, der schon seines jugendlichen Alters wegen als Urheber ausschied.

Auch der häufig angeredete »Herr Präsident« konnte mich nicht auf die richtige Spur bringen. Präsidenten gibt es viele.

Meine Nachforschungen bei Verbänden, Regierungsstellen und höchsten europäischen Institutionen blieben leider ohne konkretes Ergebnis. Auskünfte über die Abteilung Agrar-Logistik Außenhandel der EG, bei der der Verfasser einmal gearbeitet hatte (vgl. S. 16), wurden mir unter Hinweis auf den Datenschutz verweigert.

Schließlich habe ich mir die Mühe gemacht, die Denkschrift stilkritisch zu untersuchen. Nach und nach entdeckte ich Formulierungen, Stilmittel und Gedanken von P. Bruckner, J. Collins, G. Dietze, H. Ditfurth, M. Friedman, S. George, P. Henderson, J. Jeske, H. Kohl, F. Lappé, K. Natorp, F. Revel, J. Swift, G. R. Taylor und anderen – aber keine Anzeichen für eine originale Schreibweise, die zur Identifizierung des Autors hätte helfen können.

Trotz allem habe ich entschieden, das Typoskript drucken zu lassen. Denn ich bin sicher, damit dem Wunsch des Verfassers zu folgen (vgl. S. 85). Obwohl die Sprache der Denkschrift nicht die meine ist, obwohl der Text mich da und dort langweilt, die vielen daß-Sätze mich abstoßen und manches Argument mir nicht in den Kopf will, habe ich der Anregung des Verlags zugestimmt, vorläufig meinen Namen über das Buch zu setzen. Einer muß die Verantwortung übernehmen, selbst auf die Gefahr hin, »geistigen Diebstahls« bezichtigt zu werden. Inhaltlich möchte ich die Schrift nicht bewerten – das würde die Leserschaft nur verwirren, und da man mir mehr als einmal vorgeworfen hat, mit meinen Büchern »Verwirrung zu stiften«, ist mir diesmal an keinerlei Konfusion gelegen.

Bis sich der Verfasser oder seine Erben melden, übernehme ich also treuhänderisch die Urheberschaft mit allen Rechten, Pflichten und Risiken. Ich habe nur den etwas unbeholfenen Titel erfunden, am Text aber nichts geändert, nichts gestrichen, nichts hinzugefügt.

F. C. D.

Friedrich Christian Delius, geb. 1943 in Rom, aufgewachsen in Wehrda und Korbach/Hessen. Von 1963 bis 1978 in Berlin; Studium der Literaturwissenschaft, danach Verlagsarbeit, davon fünf Jahre Lektor im Rotbuch Verlag. 1978-1980 in Beek bei Nijmegen/Niederlande, von 1980-1984 in Bielefeld, seitdem in Berlin.

Kerbholz. Gedichte. Berlin 1965 (Wagenbach Verlag), Neuaufl. Reinbek 1983 (Rowohlt Taschenbuch Verlag)

Wir Unternehmer. Über Arbeitgeber, Pinscher und das Volksganze. Eine Dokumentarpolemik anhand der Protokolle des Wirtschaftstages der CDU/CSU 1965 in Düsseldorf. Berlin 1966 (Wagenbach Verlag), Neuaufl. Bielefeld 1983 (Pendragon Verlag)

Wenn wir, bei Rot. Gedichte. Berlin 1969 (Wagenbach Verlag), Neuaufl. in: *Kerbholz*, Reinbek 1983

Der Held und sein Wetter. Ein Kunstmittel und sein ideologischer Gebrauch im Roman des bürgerlichen Realismus. München 1971 (Hanser Verlag)

Unsere Siemens-Welt. Eine Festschrift zum 125jährigen Bestehen des Hauses S. Berlin 1972 (Wagenbach Verlag/Rotbuch Verlag)

Ein Bankier auf der Flucht. Gedichte und Reisebilder. Berlin 1975 (Rotbuch Verlag)

Ein Held der inneren Sicherheit. Roman. Reinbek 1981 (Rowohlt Verlag)

Die unsichtbaren Blitze. Gedichte. Berlin 1981 (Rotbuch Verlag)

Adenauerplatz. Roman. Reinbek 1984 (Rowohlt Verlag)